高等院校软件应用系列教材

Python
程序设计实践

主　编　马亚军　刘振东　孔令信
副主编　杨方捷　田凌燕　谢克武　韦赜圣
主　审　甘利杰

重庆大学出版社

内容提要

    本书是《Python 程序设计》的配套实践教材,同时也可以与其他 Python 程序设计教材配合使用。全书共分为两部分。第一部分为实验指导,结合主教材设计了 19 个实验,每个实验都和主教材的教学内容契合。实验内容既包含与 Python 语法规则相关的内容,也包含许多实际问题的程序设计,从而增强读者的学习兴趣,提高读者分析问题和解决问题的能力。读者在学习过程中可以根据实际情况从每个实验中选择部分内容作为上机练习。第二部分为配套练习题,包含 8 个习题内容,基本覆盖了主教材的主要章节和知识点,可以帮助读者很好地巩固主教材各章知识要点。

图书在版编目(CIP)数据

Python 程序设计实践/马亚军,刘振东,孔令信主编.--重庆:重庆大学出版社,2021.3(2025.1 重印)
高等院校软件应用系列教材
ISBN 978-7-5689-2603-4

Ⅰ.①P… Ⅱ.①马… ②刘… ③孔… Ⅲ.①软件工具—程序设计—高等学校—教材 Ⅳ.①TP311.561

中国版本图书馆 CIP 数据核字(2021)第 040877 号

Python 程序设计实践
Python CHENGXU SHEJI SHIJIAN
主 编 马亚军 刘振东 孔令信
副主编 杨方捷 田凌燕 谢克武 韦赜圣
主 审 甘利杰
策划编辑:鲁 黎
责任编辑:文 鹏 版式设计:鲁 黎
责任校对:谢 芳 责任印制:张 策

*

重庆大学出版社出版发行
出版人:陈晓阳
社址:重庆市沙坪坝区大学城西路 21 号
邮编:401331
电话:(023) 88617190 88617185(中小学)
传真:(023) 88617186 88617166
网址:http://www.cqup.com.cn
邮箱:fxk@ cqup.com.cn(营销中心)
全国新华书店经销
重庆升光电力印务有限公司印刷

*

开本:787mm×1092mm 1/16 印张:11 字数:257 千
2021 年 3 月第 1 版 2025 年 1 月第 5 次印刷
印数:12 301—15 100
ISBN 978-7-5689-2603-4 定价:38.00 元

前　言

　　上机实践是学习 Python 程序设计的重要环节,读者只有通过上机编程实践,才能熟练掌握 Python 的基础语法知识,充分理解程序设计的基本思想和方法,同时能更好地培养自学能力,学以致用。本书是《Python 程序设计》的配套实践教材,同时也可以与其他 Python 程序设计教材配套使用。

　　本实践教程共分为两部分。第一部分为实验指导,结合主教材设计了 19 个实验,每个实验都和主教材的教学内容配合。实验内容既包含与 Python 语法规则相关的内容,也包含许多实际问题的程序设计,从而增强读者的学习兴趣,提高读者分析问题和解决问题的能力。实验 1 主要练习 Python 开发环境的搭建和配置,以及熟悉 Python 编程规范。实验 2~7 主要涉及 Python 程序设计的基本语法练习,以及程序的基本算法和程序的控制流程。实验 8~13 主要涉及 Python 基本数据结构:列表、元组、字典、集合以及字符串的基本操作练习。实验 14 通过实践掌握函数的自定义方法,实验 15 涉及面向对象编程,实践类与对象的基本操作。实验 16、17 为正则表达式和网络爬虫实战练习。实验 18 是数据分析的综合案例,实验 19 主要练习 Python 标准库 turtle 绘制图形的方法。读者在学习过程中可以根据实际情况从每个实验中选择部分内容作为上机练习。第二部分为配套的练习题,包含了 8 个习题内容,基本覆盖了主教材的主要章节和知识点,可以帮助读者很好地巩固对主教材各章知识要点的掌握。

　　本书由马亚军、刘振东、孔令信任主编,杨方捷、田凌燕、谢克武、韦赜圣任副主编;甘利杰任主审。其中,甘利杰负责本书的总体策划和后期初审工作,马亚军负责实验 1、2、3、4、5、19 的编写以及第二部分练习题的整理。刘振东负责实验 6、7、15 的编写。杨方捷负责实验 8、9、10、11 的编写。田凌燕负责实验 12、13、14 的编写。谢克武负责实验 16、17 的编写,韦赜圣负责实验 18 的编写。孔令信负责第二部分练习题的编写工作。马亚军负责全书统稿。

　　由于编写时间紧迫及编者水平所限,书中难免存在疏漏之处,敬请读者批评指正。

编　者

2020 年 7 月

目 录

CONTENTS

第 1 部分 实验指导

第 2 部分 练习题

第 1 部分

实验指导

实验 1　Python 环境实验

【实验目的】

1.掌握在 Windows 系统中搭建 Python 开发环境的方法。

2.掌握运行 Python 编程环境的基本操作。

3.熟悉程序编写规范。

【实验内容】

1.Python 开发环境的下载与配置。

2.熟悉编程环境。

3.熟悉文件的新建、保存以及上传、下载。

4.编写第一个简单程序。

【实验步骤】

1.Python 开发环境的下载与配置

Python 开发环境比较多,可以根据自己的习惯进行选择,Python 官网提供了 IDLE 开发环境,除此之外还有 PyCharm、wingIDE、Eric、PythonWin、Eclipse+PyDew。本书选用了目前教学中使用较多的 Anaconda3。

（1）Anaconda3 下载

Anaconda3 是一个用于科学计算的 Python 发行版,支持 Linux、Mac、Windows, 包含了众多流行的科学计算、数据分析的 Python 包,但不建议用于 Anaconda3 基于 web 的开发,下载网址:https://www.anaconda.com/。如果下载速度过慢,可以使用清华大学开源软件镜像,下载列表链接为:https://mirrors.tuna.tsinghua.edu.cn/anaconda/archive/, 使用帮助文档链接为:https://mirrors.tuna.tsinghua.edu.cn/help/anaconda/。

（2）Anaconda3 安装教程

第一步:双击 Anaconda3-2020.07-Windows-x86_64 安装包。

第二步:在如图 1-1 所示对话框中单击"Next"。

第三步:在如图 1-2 所示对话框中单击"I Agree"。

第四步:在如图 1-3 所示对话框中选择默认项,单击"Next"。

第五步:安装路径为默认,但也可更改安装路径,在如图 1-4 所示对话框中继续单击"Next"。

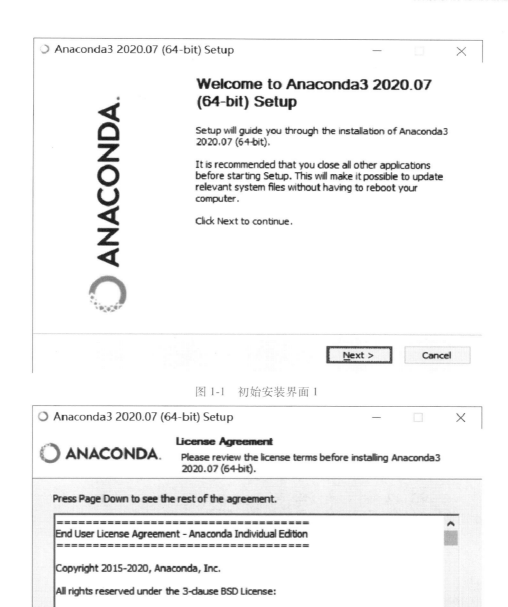

图 1-1 初始安装界面 1

图 1-2 初始安装界面 2

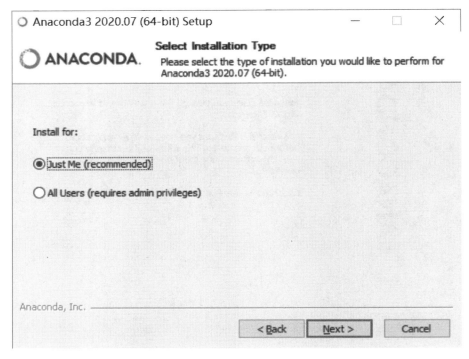

图 1-3　初始安装界面 3

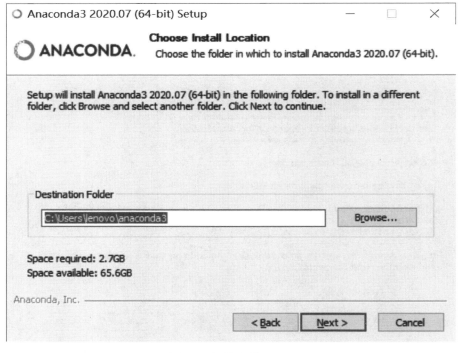

图 1-4　初始安装界面 4

第六步：在图 1-5 所示对话框中勾选"Add Anaconda to⋯⋯"选项，单击"Install"。

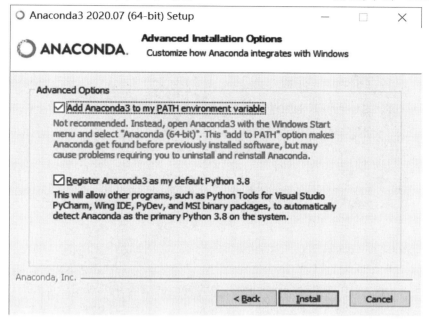

图 1-5　初始安装界面 5

第七步：等待安装，可能需要几分钟。

第八步：单击"Next"。

第九步：单击"Next"后继续点击图 1-6 所示对话框中的"Finish"，安装完成。

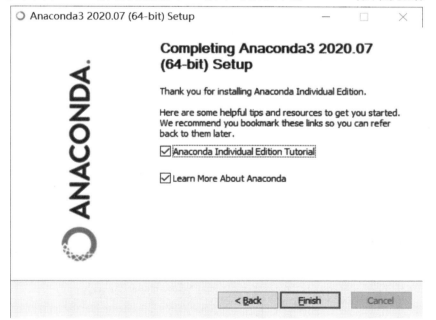

图 1-6　初始安装界面 6

2.熟悉 Python 开发环境

Anaconda3 常用的开发环境是 Jupyter Notebook 和 Spyder,如图 1-7 所示。

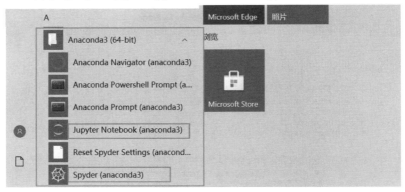

图 1-7　Anaconda3 菜单

（1）Jupyter Notebook

1）Jupyter Notebook 的启动

第一步:在开始菜单中找到 Anaconda3 中的 Jupyter Notebook 点击运行,出现图 1-8 所示服务器运行界面,需要等几秒时间。

图 1-8　Jupyter Notebook 服务器运行界面

第二步:当出现如图 1-9 所示 Jupyter Notebook Web 界面时,在该界面右上方找到 New 下的 Python3 点击运行。

图 1-9　Jupyter Notebook Web 界面

第三步:开始编程之旅,在图 1-10 所示 Jupyter Notebook 交互式编程界面中 in[ ]所在单元格的编辑框中输入 print("hello python!"),单击运行按钮,编辑框下方会显示程序的运行结果。

图 1-10　Jupyter Notebook 交互式编程界面

2)Jupyter Notebook 默认工作路径修改

第一步:程序菜单中找到 Anaconda3 列表中的 Jupyter Notebook(anaconda3)选项,在右键菜单中选择"更多"子菜单中的"打开文件位置"选项,如图 1-11 所示;打开 Jupyter Notebook(anaconda3)快捷方式所在文件夹,如图 1-12 所示。

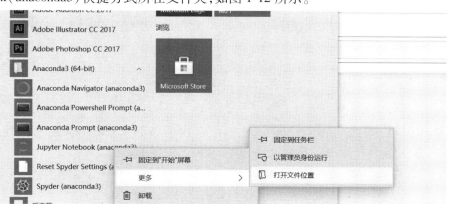

图 1-11　Jupyter Notebook(anaconda3)打开文件位置菜单

名称	修改日期	类型	大小
Anaconda Navigator (anaconda3)	2020/11/18 17:36	快捷方式	3 KB
Anaconda Powershell Prompt (anaconda3)	2020/11/18 17:36	快捷方式	4 KB
Anaconda Prompt (anaconda3)	2020/11/18 17:36	快捷方式	3 KB
Jupyter Notebook (anaconda3)	2020/11/18 17:36	快捷方式	3 KB
Reset Spyder Settings (anaconda3)	2020/11/18 17:36	快捷方式	3 KB
Spyder (anaconda3)	2020/11/18 17:36	快捷方式	3 KB

图 1-12　Jupyter Notebook(anaconda3)所在文件夹

第二步：在文件 Jupyter Notebook（anaconda3）的右键菜单中选择"属性"选项，打开属性对话框。

第三步：将"属性"对话框中"目标"文本框内容中最后的文字"%USERPROFILE%/"（图 1-13（a）中选中部分）改为设定好的工作路径如："D：\python3"，同时将起始位置中的内容也改为"D：\python3"，如图 1-13（b）所示。

（a）　　　　　　　　　　　　　（b）

图 1-13　属性对话框

第四步：重启 Jupyter Notebook，工作路径设定完成。

3）Jupyter Notebook 的基本操作

①新建文件：单击 Jupyter Notebook 界面右边的按钮"New"，选择下拉列表中的"python3"选项，创建一个新的页面文件，默认文件名为"Untitled"。

②文件重命名：单击 Jupyter 图标旁边的默认文件名"Untitled"，在弹出的"重命名"对话框中输入文件名"实验1"，如图 1-14 所示。

图 1-14　文件重命名

③Jupyter Notebook 界面功能介绍如图 1-15 所示。

图 1-15 Jupyter Notebook 界面功能介绍

④Jupyter Notebook 单元格有两种模式：编辑模式和命令模式。

● 编辑模式由绿色单元格边框指示。当单元格处于编辑模式时，可以像普通文本编辑器一样键入单元格。按 Enter 键或使用鼠标单击单元格的编辑器区域可进入编辑模式。

● 命令模式由带有蓝色左边距的灰色单元格边框表示。

根据图 1-15 中，在第一个单元格中输入 print("hello python！")，注意观察在编辑过程中和程序运行过程中单元格的变化。

Jupyter Notebook 单元格有 4 种常用状态：Code，Markdown，Heading，Raw NBconvert。其中，最常用的是前两个，分别是 code 代码状态，Markdown 编写状态。

根据图 1-16 所示，将第 2 个单元格切换到 Markdown 状态输入内容："#练习1：一个简单的程序"。单击工具条中的 run(运行)按钮，观察结果。再将"#"的数量增加，观察运行结果有什么不同。（注意：#和后面内容之间要有空格）

图 1-16 单元格 Markdown 状态

4）常用快捷键

使用快捷方式可以节省程序员大量的时间并优化编程体验。表 1-1 中列出了常用的一些快捷键，更多 Jupyter Notebook 内置的键盘快捷键，可以在"help"菜单栏下找到："help"→"Help>Keyboard Shortcuts"。

表 1-1　Jupyter Notebook 常用快捷键

命令模式下（按 ESC 开启）			
Enter	转入编辑模式	K	选中上方单元
Shift+Enter	运行本单元,选中下个单元	Down	选中下方单元
Ctrl+Enter	运行本单元	J	选中下方单元
Alt+Enter	运行本单元,在其下插入新单元	A	在上方插入新单元
Y	单元转入 Code 代码状态	B	在下方插入新单元
M	单元转入 Markdown 状态	X	剪切选中的单元
R	单元转入 Raw 状态	C	复制选中的单元
1	设定 1 级标题	Shift+V	粘贴到上方单元
2	设定 2 级标题	V	粘贴到下方单元
3	设定 3 级标题	Shift+M	合并选中的单元
Up	选中上方单元	Ctrl+S	文件存盘
编辑模式（ Enter 键启动）			
Tab	代码补全或缩进	Ctrl+Home	跳到单元开头
Shift+Tab	提示	Ctrl+Up	跳到单元开头
Ctrl+]	缩进	Ctrl+End	跳到单元末尾
Ctrl+[	解除缩进	Ctrl+Down	跳到单元末尾
Ctrl+A	全选	Ctrl+M	进入命令模式
Ctrl+Z	复原	Up	光标上移或转入上一单元
Ctrl+Shift+Z	再做	Down	光标下移或转入下一单元

（2）Spyder

Anaconda3 中 Spyder 开发环境的功能介绍,如图 1-17 所示。

启动 Spyter 之后,可以使用主界面右下角控制台的交互模式,也可以使用主界面左侧的代码编辑区编写程序文件并直接运行。如果对界面风格不满意,可以通过"Tools"菜单的"Preferences"选项对应的对话框进行参数设置,如图 1-18 所示。

3.Python 编程风格

以下练习的代码都是基于 Jupyter Notebook 开发环境,但也同样适用于其他开发环境。

图 1-17 Spyder 开发环境界面功能介绍

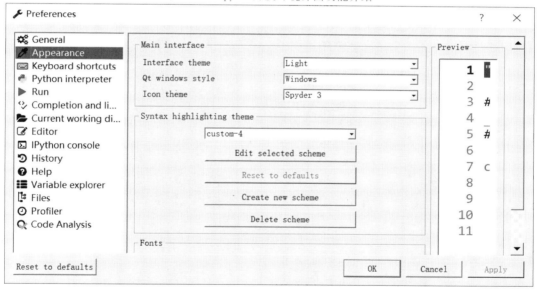

图 1-18 Preferences 对话框

（1）以"#"开始的单行注释

［程序代码］

#单行注释练习

a = 1   #a 赋值为 1

b = 2   #b 赋值为 2

c = 3   #c 赋值为 3

print(a,b,c)   #输出 a,b,c 的值

[运行结果]

> 1 2 3

（2）以 3 对引号（单引号或双引号）开始、以 3 对引号结束的多行注释

[程序代码]

```
"""此处文字为注释内容
必要的注释会提高程序可读性
三对双引号示例"""
print("三对双引号注释")
```

[运行结果]

> 三对双引号注释

（3）语句缩进练习

Python 依靠语句块的缩进来体现语句之间的逻辑关系。书写代码时最好使用 4 个空格进行悬挂式缩进，并且同一级别语句块的缩进量必须相同。例如：

[程序代码]

```
#语句块缩进练习
m = 10              #m 赋值为 10
n = 20              #n 赋值为 20
if m > n：           #如果 m>n
   print(m)         #输出 m 的值
else：               #否则
    print(n)        #输出 n 的值
```

[运行结果]

> 20

（4）语句书写练习

1）一行一条语句

```
a = 1               #a 赋值为 1
b = 2               #b 赋值为 2
c = 3               #c 赋值为 3
print(a,b,c)        #输出 a,b,c 的值
```

2）可以一行多条语句

```
a = 1;b = 2;c = 3;print(a,b,c) #一行多条语句,用语句分隔符";"分隔语句
```

3）可以一条语句多行

有时由于语句过长，一行放不下，可以在语句的外部加上一对圆括号，也可以使用续行符"\"（反斜杠）来实现分行书写功能。

［程序代码］

```
m = 1+2+3+4+5+6+7\
+8+9+10+11+12+\
13+14+15+16
print( m )
```

［程序代码］

```
m = ( 1+2+3+4+5+6+7
+8+9+10+11+12+
13+14+15+16 )
print( m )
```

［程序代码］

```
m = 1+2+3+4+5+6+7+8+9+10+11+12+13+14+15+16
print( m )
```

说明:以上 3 个程序的 3 种书写方法不同,其功能是相同的,运行结果都是 136。

实验 2 程序基础与算法

【实验目的】

    1.掌握程序执行过程及算法的概念。

    2.掌握基本常量、变量的使用。

    3.掌握标准输入、输出语句的使用。

    4.熟悉如何通过算法描述写程序。

【实验内容】

    1.设计程序步骤。

    2.常量、变量及数据类型练习。

    3.标准输入、输出语句练习。

    4.根据算法描述编写简单的顺序结构程序。

    5.根据算法描述编写简单的分支结构程序。

【实验步骤】

    1.Python 设计程序一般过程

第一步:分析找出解决问题的关键之处,即找出解决问题的算法,确定算法的步骤。

第二步:将算法转换为程序流程图。

第三步:根据程序流程图编写符合 Python 语法的代码。

第四步:调试程序,纠正错误。

    2.在交互式编程界面输入以下内容,进行常量、变量及数据类型练习

[程序代码]

```
a=12                              #将整型常量赋给变量 a
b=" pryhon "                      #将字符串常量赋给变量 b
c=12.5                            #将浮点数常量赋给变量 c
d=" 12 "                          #将字符串常量赋给变量 d
print(a,b,c,d)                    #输出变量 a,b,c,d
print(type(a),type(b),type(c),type(d))   #输出变量 a,b,c,d 的数据类型
```

[运行结果]

```
12 pryhon 12.5 12
<class 'int'> <class 'str'> <class 'float'> <class 'str'>
```

[说明]在程序运行过程中,其值不能改变的数据对象称为常量。常量按其值的表示形式区分它的类型。例如,0、435、−78 是整型常量, −5.8、3.14159、1.0 是浮点型常量, ′410083′、′Python′是字符串常量。变量则是内存中的特定存储区,通过变量名来访问。

3.标准输入、输出语句练习

(1)在交互式编程界面输入以下内容,观察结果。

[程序代码]

```
name＝input("请输入姓名:")          #定义变量 name 接受键盘输入的姓名
age＝input("请输入年龄:")           #定义变量 age 接受键盘输入的年龄
print("您的姓名是:",name)          #输出字符串和变量的值
print("您的年龄是:",age)
```

[运行结果]

```
请输入姓名:张三
请输入年龄:20
您的姓名是:张三
您的年龄是:20
```

[说明]Python 用内置函数 input( )实现标准输入,其调用格式为:

input([提示信息字符])。

其中,"提示信息字符"是可选项。如果有"提示信息字符",则原样显示,提示用户输入数据。input( )函数从标准输入设备键盘读取数据,并返回一个字符串。

(2)编写程序,要求输入两个整数,求两数之和后输出。

[解题分析]首先调用 input( )函数输入数据赋给两个变量,然后调用 int( )函数将变量转化为整型,接着计算两数之和赋给第 3 个变量,最后调用 print( )函数进行输出。

[参考代码]

```
a＝input("请输入第一个整数:")        #输入变量 a 的值
b＝input("请输入第二个整数:")        #输入变量 b 的值
print(type(a),type(b))             #测试变量 a,b 的类型
a＝int(a)                          #将变量 a 转换为整型数
b＝int(b)                          #将变量 b 转换为整型数
print(type(a),type(b))             #观察与之前的输出有什么不同
c＝a+b                             #两数相加赋给 c
print("两数之和为:",c)             #输出 c 的值
```

[运行结果]

```
请输入第一个整数:5
请输入第二个整数:9
<class 'str'> <class 'str'>
<class 'int'> <class 'int'>
两数之和为:14
```

（3）输出函数 print( )练习,执行下列程序,观察结果。

［程序代码］

```
print(1,2,3)                    #输出结果直接默认连接符为空格;结束符为回车换行。
print("a","b","c")
print(4,5,6,sep=",")            #输出结果直接连接符为",";结束符为回车换行。
print()                         #没有输出结果,默认为回车换行
print(7,8,9,end="*")            #输出结果直接连接符为空格;结束符为"*",不换行
print("d","e","f")
```

［运行结果］

```
1 2 3
a b c
4,5,6

7 8 9 * d e f
```

［说明］Python 常用的输出方法是用 print( )函数,其调用格式为:

Print（［输出项 1,输出项 2,…,输出项 n］［,sep＝分隔符］［,end＝结束符］）

其中,输出项之间以逗号分隔,没有输出项时输出一个空行。Print( )函数默认输出项之间以空格分隔,可以使用 sep 字段设置输出项之间的分隔符,Print( )函数默认以回车换行作为结束符,可以通过 end 字段设置结束符。Print( )函数从左至右计算每一个输出项的值,并将各输出项的值依次显示在屏幕的同一行。

4.求 $y=\begin{cases}a+b(a\leqslant b)\\a-b(a>b)\end{cases}$

［算法描述］

①键盘输入 a 和 b 的值。

②如果 a<=b,则 y=a+b,否则 y=a-b。

③输出变量 y 的值。

［参考代码］

```
a=float(input("a="))            #输入 a 的值,转换为浮点数类型。
b=float(input("b="))            #输入 b 的值,转换为浮点数类型。
if a<=b:                        #双分支结构,如果 a<=b,执行 y=a+b
    y=a+b
else:                           #否则,执行 y=a-b
    y=a-b
print("y=",y)                   #输出 y 的值
```

［运行结果］

a=6.5

b=5.5

y= 1.0

［拓展练习］

1.键盘输入一个 3 位整数,输出其逆序数。例如,输入 123,则输出 321。根据实验内容中的算法描述画出程序流程图。

2.求 $y = \begin{cases} a+b\,(a \leqslant b) \\ a-b\,(a>b) \end{cases}$ 根据实验内容中的算法描述,画出程序流程图。

实验 3　运算符和表达式练习

【实验目的】

　　1.掌握常量和变量的基本概念和应用。
　　2.掌握运算符和表达式的使用。

【实验内容】

　　1.练习变量的定义及输出。
　　2.通过简单程序练习,掌握数据类型。
　　3.通过简单程序掌握运算符及表达式的概念。
　　4.编程练习运算符优先级的运用。

【实验步骤】

　　1.查看所有关键字。

```
import keyword                    #导入 keyword 模块
keyword.kwlist                    #查看所有关键字
```

　　[说明]Python 语言中的关键字(keyword),是事先定义的、具有特定含义的标识符,又称保留字。关键字不允许另作他用,否则执行时会出现语法错误。
　　2.变量的赋值练习,观察输出结果,思考程序的执行过程。
　　[程序代码]

```
x,y=10,12                        #给多个变量赋多个值
x,y=y,x                          #交换变量的值
x,y,z=6,x+1,y+2                  #给多个变量赋多个表达式的值
print(x,y,z)
```

　　[运行结果]

```
6 13 12
```

　　3.Python 的数据类型。
　　(1)整型数值练习,观察结果。
　　[程序代码]

```
a=5
b=0b110                          #数字 0 加字母 b 表示二进制数
```

```
print("b 的十进制:",b)          #输出结果为十进制
c=0o51                        #数字 0 加字母 o 表示八进制数
print("c 的十进制:",c)
d=0x1a                        #数字 0 加字母 x 表示十六进制数
print("d 的十进制:",d)
print(a+b,b+c,c+d)            #运算结果是十进制,数制转换要掌握
```

[运行结果]

```
b 的十进制:6
c 的十进制:41
d 的十进制:26
11 47 67
```

(2)浮点型数值练习,观察结果。

[程序代码]

```
x=45e-3
y=4.5e2
z=45e-6
print(x,y,z)
```

[运行结果]

```
0.045 450.0 4.5e-05
```

[说明]数值类型用于存储数值,可以参与算术运算。Python 支持 3 种不同的数据类型,包括整型(int)、浮点型(float)和复数型(complex)。

4.Python 算术运算符练习,输入以下代码,观察结果。

[程序代码]

```
a=21
b=8
c=0
c=a+b
print(c)
c=a*b
print(c)
c=a/b
print(c)
c=a//b
print(c)
c=a**b
print(c)
```

```
c=a%b
print(c)
print(20%-3)
print(20%3)
print(-7%3)
print(-7%-3)
```

[运行结果]

```
29
168
2.625
2
37822859361
5
-1
2
2
-1
```

[说明]Python 提供的算数运算符如表 3-1 所示。假设表 3-1 中变量 a 为 10,变量 b 为 4。

表 3-1 算数运算符

运算符	名　称	描　　述	实　例
+	加	将运算符两边的操作数相加	a+b 输出结果 14
-	减	将运算符左边的操作数减去右边的操作数	a-b 输出结果 6
*	乘	将运算符两边的操作数相乘	a*b 输出结果 40
/	除	将运算符左边的操作数除以右边的操作数	a/b 输出结果 2.5
%	取模	返回除法运算的余数	a%b 输出结果 2
**	幂	返回 a 的 b 次幂	a**b 为 10000
//	取整	返回商的整数部分	a//b 输出结果 2

5.关系运算符练习,输入以下代码,观察结果。

[程序代码]

```
a=10
b=20
print(b<a+2)              #等效于b<(a+2)
```

```
print(a<=b! =b>=2)          #等效于(a<=b)! =(b>=2)
print(a==b<c)               #等效于 a=(b<c)
```

[运行结果]

```
False
False
False
```

[说明]Python 关系运算符又称比较运算符,用于比较运算符两侧的值,比较的结果是一个布尔值,即 True 或 False。Python 提供的关系运算符如表 3-2 所示。

表 3-2 关系运算符

运算符	名 称	描 述
==	等于	比较两边的操作数是否相等
! =	不等于	比较两个对象是否不相等
>	大于	返回 x 是否大于 y
<	小于	返回 x 是否小于 y。所有比较运算符返回 1 表示真,返回 0 表示假。这分别与特殊的变量 True 和 False 等价
>=	大于等于	返回 x 是否大于等于 y
<=	小于等于	返回 x 是否小于等于 y

6.Python 赋值运算符练习,输入以下代码,观察结果。

[程序代码]

```
a=20
b=2
a+=b                #等价于 a=a+b
print(a)
a-=b                #等价于 a=a-b
print(a)
a*=b                #等价于 a=a8b
print(a)
a*=b+2              #等价于 a=a*(b+2)
print(a)
a**=b               #等价于 a=a**b
print(a)
a/=b                #等价于 a=a/b
print(a)
```

```
a//=b                 #等价于 a=a//b
print(a)
```
［运行结果］

```
22
20
40
160
25600
12800.0
6400.0
```

［说明］赋值运算符用来给变量赋值，Python 提供的赋值运算符可分为简单赋值与复合赋值两大类。

假设表 3-3 中变量 a 为 10，变量 b 为 20。

表 3-3　赋值运算符

运算符	描　述	实　例
=	简单的赋值运算符	c = a + b 将 a + b 的运算结果赋值为 c
+=	加法赋值运算符	c += a 等效于 c = c + a
-=	减法赋值运算符	c -= a 等效于 c = c - a
*=	乘法赋值运算符	c *= a 等效于 c = c * a
/=	除法赋值运算符	c /= a 等效于 c = c / a
%=	取模赋值运算符	c %= a 等效于 c = c % a
**=	幂赋值运算符	c **= a 等效于 c = c ** a
//=	取整除赋值运算符	c //= a 等效于 c = c // a

7.Python 位运算符练习，输入以下代码，观察结果。

［程序代码］

```
a = 60
b = 13
print(a&b)
print(a^b)
print(a|b)
print(~a)
print(a<<3)
print(a>>3)
```

［运行结果］

```
12
49
61
-61
480
7
```

［说明］按位运算符是把数字看作二进制来进行计算的。Python 中的按位运算法则如表 3-4 所示。假设表 3-4 中变量 a 为 60,b 为 13。

表 3-4 位运算符

运算符	描　述	实　例
&	按位与:参与运算的两个值,如果两个相应位都为 1,则该位的结果为 1,否则为 0	(a & b) 输出结果 12 二进制解释:0000 1100
|	按位或:只要对应的二个二进位有一个为 1 时,结果位就为 1	(a | b) 输出结果 61 二进制解释:0011 1101
^	按位异或:当两对应的二进位相异时,结果为 1	(a ^ b) 输出结果 49 二进制解释:0011 0001
~	按位取反:对数据的每个二进制位取反,即把 1 变为 0,把 0 变为 1	(~a) 输出结果 -61 二进制解释:1100 0011
<<	左移动:运算数的各二进位全部左移若干位,由"<<"右边的数指定移动的位数,高位丢弃,低位补 0	a << 2 输出结果 240 二进制解释:1111 0000
>>	右移动:把">>"左边的运算数的各二进位全部右移若干位,">>"右边的数指定移动的位数	a >> 2 输出结果 15 二进制解释:0000 1111

8.Python 逻辑运算符练习,输入以下代码,观察结果。

［程序代码］

```
print(3 - 3 and 3 < 6)          #输出逻辑表达式的值
print(3 < 6 and 3 + 5)
print(1 + 2 or 3 < 6)
print(3 < 6 or 3 + 5)
print(not 3>6)
```

［运行结果］

```
0
8
3
```

True
True

［说明］Python 的逻辑运算符包括 and(与)、or(或)、not(非)3 种,逻辑运算符及其对应的功能与说明如表 3-5 所示。与其他语言不同的是,Python 中逻辑运算的返回值不一定是布尔值。

假设表 3-5 中变量 a 为 10, b 为 20。

表 3-5　逻辑运算符

运算符	逻辑表达式	描　　述	实　　例
and	x and y	与:如果 x 为 False,x and y 返回 False,否则它返回 y 的计算值	(a and b) 返回 20
or	x or y	或:如果 x 是 True,它返回 True,否则它返回 y 的计算值	(a or b) 返回 10
not	not x	非:如果 x 为 True,返回 False。如果 x 为 False,它返回 True	not(a and b) 返回 False

9.Python 成员运算符练习,输入以下代码,观察结果。

［程序代码］

```
a = 1
b = 2
list = [1,2,3,4,5]        #创建列表 list,赋值为 1,2,3,4,5
print(a in list)          #输出成员表达式的值
print(b not in list)
```

［运行结果］

True
False

［说明］成员运算符用于判断一个元素是否在某个序列中,如字符串、列表、元组等。Python 提供的成员运算符如表 3-6 所示。

表 3-6　成员运算符

运算符	举　　例	说　　明
in	x in y	在 y 中找到 x 的值返回 True,否则返回 False
not in	x not in y	在 y 中未找到 x 的值返回 True,否则返回 False

10.Python 身份运算符练习,输入以下代码,观察结果。

[程序代码]

```
a = 10                    #创建变量a,赋值10
b = 20                    #创建变量b,赋值20
print(a is b)            #输出表达式的值
print(a is not b)
b = 10                    #修改变量b的值
print(a is b)
```

[运行结果]

```
False
True
True
```

[说明]关系运算符中的"＝＝"是比较两个对象的值是否相等。身份运算符用来判断两个变量的引用对象是否指向同一个内存对象。Python 提供的身份运算符如表 3-7 所示。

表 3-7　身份运算符

运算符	举　例	说　明
is	x is y	如果 x 和 y 引用的是同一个对象,则返回 True,否则返回 False
is not	x is not y	如果 x 和 y 引用的不是同一个对象,则返回 True,否则返回 False

11.运算符优先级练习,输入以下代码,观察结果。

[程序代码]

```
a = 20
b = 10
c = 15
d = 5
e = 0
e = a+b * c/d                    #20 * 150/5
print(" a+b * c/d=",e)
e = ((a+b) * c)/d                #(30 * 15)/5
print("((a+b) * c)/d=",e)
e = (a+b) * (c/d)                #(30) * (15/5)
print("(a+b) * (c/d)=",e)
```

```
e=a+(b*c)/d                          #20+150/5
print("a+(b*c)/d=",e)
```

［运行结果］

```
a+b*c/d= 50.0
((a+b)*c)/d= 90.0
(a+b)*(c/d)= 90.0
a+(b*c)/d= 50.0
```

［拓展练习］

1.编写程序,实现输入用户姓名、年龄和住址,使用 print( )函数输出。

2.编写程序,实现键盘输入某商品的单价和数量,求出商品的总价并输出。

实验 4　顺序结构

【实验目的】

1.掌握顺序结构程序的设计方法。

2.掌握 random 标准库常用函数的基本操作。

3.掌握 time 标准库常用函数的基本操作。

【实验内容】

1.编写程序,从键盘输入圆的半径,计算并输出圆的周长和面积。

2.编写程序,要求输入三角形的三条边(假设给定的三条边符合构成三角形的条件:任意两边之和大于第三边),计算三角形的面积并输出。

3.键盘输入一个 3 位整数,输出其逆序数。例如,输入 123,则输出 321。

4.利用 random 库中的函数,生成不同区间内和不同类型的随机数。

5.利用 seed( )函数让随机数再现。

6.获取系统时间,以不同的格式输出。

7.将时间格式化,通过格式化控制符以指定的方式输出。

【实验步骤】

1.编写程序,从键盘输入圆的半径,计算并输出圆的周长和面积。

［程序代码］

```
import math                          #导入 math 模块
r=int( input("请输入一个半径:"))      #输入圆的半径,并转换为整数类型
s=math.pi∗r∗∗2                       #调用 math 模块中的常量 pi 计算圆的面积
c=2∗math.pi∗r                        #调用 math 模块中的常量 pi 计算圆的周长
print("圆的面积为:",s)               #输出圆的面积
print("圆的周长为:",c)               #输出圆的周长
```

［运行结果］

```
请输入一个半径:10
圆的面积为:314.1592653589793
圆的周长为:62.83185307179586
```

2.编写程序,要求输入三角形的三条边(假设给定的三条边符合构成三角形的条件:

任意两边之和大于第三边),计算并输出三角形的面积。

分析:此题的关键是求三角形面积的公式 $s=\sqrt{(m(m-a)(m-b)(m-c))}$,其中 $m=(a+b+c)/2$。

[程序代码]

```
import math                                      #导入 math 模块
a=int(input("请输入三角形的第一条边:"))              #输入第一条边并将其转换为整型
b=int(input("请输入三角形的第二条边:"))              #输入第二条边并将其转换为整型
c=int(input("请输入三角形的第三条边:"))              #输入第三条边并将其转换为整型
m=(a+b+c)/2                                       #计算 m
s=math.sqrt(m*(m-a)*(m-b)*(m-c))                 #调用 sqrt 函数计算面积
print("此三角形面积为:",s)                          #输出三角形面积
```

[运行结果]

```
请输入三角形的第一条边:3
请输入三角形的第二条边:4
请输入三角形的第三条边:5
此三角形面积为:6.0
```

以上两个程序的输入语句都使用了 int()函数将从键盘输入的数据转换为整型后赋给变量。程序中的 pi 是 math 模块中定义的常量圆周率,sqrt()函数的功能是求平方根,是 math 模块中的内置函数。pi 和 sqrt()无法直接访问,但在 Python 中可使用 import 关键字来导入模块,调用模块中的函数时需要在函数名前加上模块名作为前缀。

3.键盘输入一个 3 位整数,输出其逆序数。例如,输入"123",则输出"321"。

[算法描述]

①键盘输入一个 3 位整数,存入变量 n。

②通过表达式 n%10,取出变量 n 的个位数,存入变量 a。

③通过表达式 n//10%10,取出变量 n 的十位数,存入变量 b。

④通过表达式 n//100,取出变量 n 的百位数,存入变量 c。

⑤利用表达式计算 100*a+10*b+c,将结果存入变量 m。

⑥输出变量 m 的值。

[参考代码]

```
n=int(input("请输入一个三位整数:"))     #输入三位整数并转换为整数类型
a=n%10                                  #求 n 的个位数,%为求余数
b=n//10%10                              #求 n 的十位数,//为整除运算
c=n//100                                #求 n 的百位数
m=a*100+b*10+c
print("逆序为:",m)
```

［运行结果］

请输入一个三位整数:123
逆序为:321

4.利用 random 库中的函数,生成不同区间内和不同类型的随机数。

［程序代码］

```
import random
print( random.randint(1,10))          #产生 1~10 范围内的一个整数型随机数
print( random.random())               #产生 0~1 范围内的随机浮点数
print( int( random.random() * 100)+1) #产生 1~100 范围内的随机整数
print( random.uniform(1.1,5.4))       #产生 1.1~5.4 范围内的随机浮点数
print( random.randrange(1,100,2))     #生成从 1~100 范围内的间隔为 2 的随机
                                       整数
```

［运行结果］

```
3
0.41971354467644006
14
4.059036389648558
33
```

5.利用 seed() 函数让随机数再现。多次运行程序观察结果。

［程序代码］

```
import random
random.seed()
print( random.random())
random.seed()
print( random.random())
random.seed(10)
print( random.random())
random.seed(10)
print( random.random())
```

［运行结果］

```
0.6250337540374816
0.8900026850820625
0.5714025946899135
0.5714025946899135
```

[说明]random 库包含两类函数,常用的共 7 个。

基本随机函数:seed( ),random( )。

扩展随机函数:randint( ),uniform( ),randrange( ),choice( ),shuffle( )。

seed( ):初始化随机数种子,每一个数都是随机数,只要随机种子相同,产生的随机数和数之间的关系都是确定的,随机种子确定了随机序列的产生。如果不使用随机数种子,它使用的是当前系统时间,后面产生的结果是完全不可再现的,而使用随机数种子,可以将随机数再现。

random( ):生成一个[0.0,1.0]内的随机小数。

randint(a,b):生成一个[a,b]内的整数。

uniform(a,b):生成一个[a,b]内的随机小数。

randrange(a,b,k):生成一个[a,b)内以 k 为步长的随机整数。

choice(x):从序列 x 中随机选择一个元素。

shuffle(x):将序列 x 中元素随机排列,返回打乱后的序列。

6.获取系统时间,以不同的格式输出。

[程序代码]

```
import time
print(time.time( ))          #获取当前时间戳,即计算机内部时间值,浮点数
print(time.ctime( ))         #获取当前时间并以易读方式表示,返回字符串
print(time.gmtime( ))        #获取当前时间,表示为计算机可处理的时间格式
```

[运行结果]

```
1606669896.457807
Mon Nov 30 01:11:36 2020
time.struct_time(tm_year=2020, tm_mon=11, tm_mday=29, tm_hour=17,
tm_min=11, tm_sec=36, tm_wday=6, tm_yday=334, tm_isdst=0)
```

7.将时间格式化,通过格式化控制符以指定方式输出。

[程序代码]

```
import time
tstr='2018-01-26 12:55:20'
t=time.strptime(tstr,"%Y-%m-%d %H:%M:%S")    #strptime( )将字符串转换
                                               为时间类型
print(time.strftime("%Y-%m-%d %H:%M:%S",t))   #按照特定格式输出
m=time.gmtime( )                              #获取系统当前时间,表示
                                               为计算机可处理的时间
                                               格式
print(time.strftime("%Y-%m-%d %H:%M:%S",m))
```

［运行结果］

　2018-01-26 12:55:20
　2020-11-29 18:37:20

［说明］

格式化字符串日期/时间说明值范围和实例：

%Y 年份 0000~9999，例如：1900

%m 月份 01~12，例如：10

%B 月份名称 January~December，例如：April

%b 月份名称缩写 Jan~Dec，例如：Apr

%d 日期 01~31，例如：25

%A 星期 Monday~Sunday，例如：Wednesday

%a 星期缩写 Mon~Sun，例如：Wed

%H 小时(24h 制)00~23，例如：12

%I 小时(12h 制)01~12，例如：7

%p 上/下午 AM，PM，例如：PM

%M 分钟 00~59，例如：26

%S 秒 00~59，例如：26

［拓展练习］

1.编写程序，实现键盘输入一个 4 位整数，输出其逆序数。例如，输入 1234，则输出 4321。

2.编写程序，实现输入语文、数学、外语三门课的成绩，输出总分和平均分。

3.输入自己的出生年、月、日，按下列格式输出自己的信息。我的出生日期是 1999 年 8 月 15 日。

4.输入三个整数给 a，b，c，然后交换它们的值：把 a 中原来的值给 b，把 b 中原来的值给 c，把 c 中原来的值给 a。

5.随机产生一个 3 位整数，将它的十位数变为 0。假设生成的 3 位整数为 123，则输出为 103。

实验 5 分支结构

【实验目的】

1.掌握 Python 中表示条件的方法。

2.掌握 if 语句的格式及执行规则。

3.掌握选择结构程序设计的方法。

【实验内容】

1.输入学生年龄,判断该学生是否成年。

2.输入学生成绩,判断成绩是否及格。

3.编程实现分段函数求值。

4.输入学生的百分制成绩,输出对应的五级制成绩。

5.输入英制单位英寸或者公制单位厘米,编程实现单位之间的互换。

6.通过随机函数,编程实现模拟掷骰子决定做什么事情的小游戏。

【实验步骤】

1.输入学生年龄,判断该学生是否成年,条件设定为大于等于 18 岁,如未成年,则计算还需要几年能够成年。

［程序代码］

```
age = int(input("请输入学生的年龄:"))      #输入变量 age 的值并转换为整型
if   age>=18:                              #判断 age 是否大于等于 18
    print("已成年")                        #如果是,输出"已成年"
else:                                      #如果不是
    print("未成年")                        #输出"未成年"
    print("还差",18-age,"年成年")          #计算还差几年成年并输出
```

［运行结果 1］

请输入学生的年龄:16
未成年
还差 2 年成年

［运行结果 2］

请输入学生的年龄:24
已成年

2.输入学生成绩,判断成绩是否及格。成绩大于或等于 60 分为及格,否则为不及格。

[程序代码]

```
cj＝int(input("请输入学生成绩:"))        #输入成绩并转换为整型存入变量 cj 中
if   cj >=60:                           #判断成绩是否大于或等于60
    print("及格")                        #如果是,输出"及格"
else:                                   #如果不是
    print("不及格")                      #输出"不及格"
```

[运行结果]

请输入学生成绩:80
及格

3.编程实现分段函数求值:$y=\begin{cases}3x-5 & (x>1)\\ x+2 & (-1\leqslant x\leqslant1)\\ 5x+3 & (x<-1)\end{cases}$

[参考代码]

```
x＝float(input('x ＝ '))               #输入 x 的值并将其转化为浮点数
if x > 1:
    y＝3 * x-5
elif x>=-1:
    y＝x+2
else:
    y＝5 * x+3
print('y＝',y)
```

[运行结果]

x ＝ 4
y ＝ 7.0

4.输入学生的百分制成绩,输出对应的五级制成绩,90～100 分为优秀,80～89 分为良好,70～79 分为中等,60～69 分为及格,60 分以下为不及格。

[参考代码]

```
cj＝float(input("请输入百分制成绩:"))    #输入分数 score 的值并将其转化为浮
点数
    if cj >100 or cj<0:                 #当分值不合理时显示出错信息
        print("输入数据无效")
    elif cj>=90:                        #当成绩大于等于90、小于等于100 时,
                                        输出"优秀"

        print("优秀")
    elif score>= 80:                    #当成绩大于等于80、小于90 时,输出
```

```
        print("良好")
elif score>=70:                              #当成绩大于等于70、小于80时,输出
                                             "中等"

        print("中等")
elif score>=60:                              #当成绩大于等于60、小于70时,输出
                                             "及格"

        print("及格")
else:                                        #以上条件都不满足
        print("不及格")                       #输出"不及格"
```
[运行结果]

> 请输入百分制成绩:80
> 良好

5.输入英制单位英寸或者公制单位厘米,编程实现单位之间的互换。

分析:1 英寸＝2.54 厘米

[参考代码]

```
value = float(input('请输入长度:'))
unit = input('请输入单位:')
if unit == 'in'or unit == '英寸':
    print(value,"英寸","=",value*2.54,"厘米")
elif unit == 'cm'or unit == '厘米':
    print(value,"厘米","=",value/2.54,"英寸")
else:
    print('请输入有效的单位')
```
[运行结果]

> 请输入长度:1
> 请输入单位:in
> 1.0 英寸 = 2.54 厘米

6.通过随机函数,编程实现模拟掷骰子决定做什么事情的小游戏。

[参考代码]

```
import random
face = random.randint(1, 6)
if face == 1:
    result = '唱首歌吧!'
elif face == 2:
    result = '跳个舞吧!'
```

```
    elif face == 3：
        result = '学猫叫哦！'
    elif face == 4：
        result = '做 30 个俯卧撑哦！'
    elif face == 5：
        result = '念一段绕口令吧！'
    else：
        result = '讲个冷冷的笑话吧！'
print("恭喜你：", result)
```

［运行结果］

恭喜你：讲个冷冷的笑话吧！

［拓展练习］

1.输入一个整数，若为奇数则输出其平方根，否则输出其立方根。

2.输入一个整数判断其是否能被 5 或 7 整除，若能被 5 或 7 整除，则输出"Yes"，否则输出"No"。

3.某运输公司在计算运费时，基本运费为 8 元/kg，按运输距离对运费打一定的折扣，其标准如下：

距离<250	没有折扣
500≤距离<1000	4.5%折扣
1000≤距离<2000	7.5%折扣
2000≤距离<2500	9.0%折扣
2500≤距离<3000	12.0%折扣
3000≤距离	15.0%折扣

输入基本运费 y，货物质量 w，距离 s（单位 km），计算总运费 f。总运费的计算公式为 $f = y \times w \times s \times (1-d)$。其中 d 为折扣。

实验 6 循环结构实验

【实验目的】

1.掌握循环结构程序的设计方法。

2.掌握 while、for 的使用。

3.能够解决简单的数值计算问题。

【实验内容】

1.求 100~400 内既能被 3 整除又能被 7 整除的数。(while 语句)

2.计算 100 以内能被 7 整除的数,并求和。(for 语句)

3.输入任意一个正整数,求 1 到该正整数的平方和。

4.输出斐波那契数列的前 20 项。

5.输出所有的水仙花数。

6.小猴吃桃问题。

【实验步骤】

1.求 100~400 内既能被 3 整除又能被 7 整除的数。(while 语句)

[解题分析]

构造循环结构的 while 语句格式如下:

while 逻辑表达式:

　　循环体语句块

通常情况下,在循环结构中的逻辑表达式,都是由某个变量大于或小于某个边界值得到逻辑 True 或 False。将这个变量定义为循环因子,其应包含 3 个要素:初始值、边界值和迭代值。此时循环结构的 while 语句格式可以写成如下:

i=初始值　　　　　　　　　#i 是循环结构的循环因子

while i<边界值　　　　　　#或者 i> 边界值,循环因子的边界值

　　循环体语句块

　　i=迭代值表达式　　　　#循环因子的迭代值,例如 i=i+1

[参考代码]

i=100

while i<=400:

　　if i%3==0 and i%7==0:

```
        print(i,end="")
      i=i+1
```
[运行结果]

105 126 147 168 189 210 231 252 273 294 315 336 357 378 399

2.计算 100 以内能被 7 整除的数,并求和。(for 语句)

[解题分析]

构造循环结构的 for 语句格式如下:

for i in range(初始值,边界值+1,迭代值):

　　循环体语句块

一般情况下,for 循环是 while 循环在解决数值问题时的简化,在解决数学数值问题时非常方便,用 for 循环编写的程序较为简洁清晰。

for 循环依赖于 range(start,end,step)函数。start 参数,表示循环因子的初始值;end 参数表示循环因子的边界值,但不能取到该值;step 表示循环因子的迭代值,即循环因子从初始值是怎么变化到边界值的数学规律。

[参考代码]

```
s=0
for i in range(1,101):
  if i%7==0:
    print(i,end="")
    s=s+i
print()
print("100 以内能被 7 整除的数的和为:",s)
```

[运行结果]

7 14 21 28 35 42 49 56 63 70 77 84 91 98
100 以内能被 7 整除的数的和为:735

3.输入任意一个正整数,求 1 到该正整数的平方和。

[解题分析]

这是循环求和题的一个变化题。循环从 1 到输入的正整数,累加每个数字的平方。

[参考代码]

```
n=int(input("请输入任意正整数:"))
s=0
for i in range(1,n+1):
    s=s+i*i
print("1 到该正整数的平方和为:",s)
```

［运行结果］

请输入任意正整数:9
1到该正整数的平方和为:285

4.输出斐波那契数列的前20项。斐波那契数列,已知前2个数,之后每一个数都是前2个数之和,例如1,1,2,3,5,8,13,21…

［解题分析］

这是一个递推问题。已知该数列的前2个数是1和1,递推出后面的每个数都是前两个数之和。即 a=1,b=1,则 c=a+b=2。

```
a = 1      i=1(即 第1项)
b = 1      i=2(即 第2项)
c = a+b    i=3(即 第3项)
a = b               i >= 3
b = c
```

［参考代码］

```
a=1
b=1
print(a,b,end="")
for i in range(3,21):
    c=a+b
    print(c,end="")
    a=b
    b=c
```

［运行结果］

1 1 2 3 5 8 13 21 34 55 89 144 233 377 610 987 1597 2584 4181 6765

5.输出所有的水仙花数。

［解题分析］

这里的水仙花数,特指所有3位数中的水仙花数,即它等于每个数字的3次方之和。例如,153是一个水仙花数,$153=1^3+5^3+3^3$。

此题的解决办法是for循环,首先确定循环在100~999内遍历,判断每个数字是否是水仙花数。判断的条件是取出百位数、十位数、个位数,比较3个数字的立方和是否等于其自身。

［参考代码］

```
for i in range(100,1000):
    a=i//100
    b=i//10%10
    c=i%10
    if i==a*a*a+b*b*b+c*c*c:
```

```
        print(i,"是水仙花数")
```
［运行结果］

```
153 是水仙花数
370 是水仙花数
371 是水仙花数
407 是水仙花数
```

6.小猴吃桃问题。猴子第一天摘下若干个桃子,当即吃了一半,又多吃了一个。第二天又将剩下的桃子吃掉一半,又多吃了一个。以后每天都吃了前一天剩下的一半零一个。到第10天只剩下一个桃子了。求第一天摘的桃子数。

［解题分析］

用数学归纳法解决此问题。可以倒推小猴吃桃的个数:

第 10 天的桃子数:s = 1

第 9 天的桃子数:s = (s+1) * 2 = 4

......

第 i 天的桃子数:s = (s+1) * 2

......

第 1 天的桃子数:s = (s+1) * 2

［参考代码］

```
s = 1                          #第 10 天时桃子数为 1
for days in range(10,1,-1):
    s = (s+1) * 2
print("第 1 天小猴共摘了",s,"个桃子")
```

［运行结果］

```
第 1 天小猴共摘了 1 534 个桃子
```

从代码分析,发现循环体执行时只与循环的次数有关,而与循环因子 days 无关,所以程序也可以写成如下代码:

```
s = 1
for days in range(1,10):
    s = (s+1) * 2
print("第 1 天小猴共摘了",s,"个桃子")
```

［拓展练习］

1.输入任意一个正整数,问它是几位数?

2.输出 5+55+555+…+55555 的和。

3.编写程序,求 10 * 11 * 12 * … * 30 的积。

4.计算个位数是 6 且能被 3 整除的 3 位数的个数。

5.利用循环,输出所有的大写英文字母。

实验 7　多重循环及辅助语句实验

【实验目的】

1. 了解多重循环的设计方式。
2. 掌握双循环的实现过程。
3. 掌握辅助语句 continue、break 的用法。

【实验内容】

1. 输出九九乘法表。
2. 求一个 3 * 3 矩阵对角线元素之和。
3. 在 50~100 内查找第一个能被 9 整除的数。
4. 输入任意正整数,判断其是否是素数。
5. 求两个正整数的最大公约数。

【实验步骤】

1. 输出九九乘法表。

[解题分析]

九九乘法表,输出时有 9 行,第 1 行有 1 列,显示为 1 * 1 = 1;第 2 行有 2 列,显示 2 * 1 = 2 2 * 2 = 4;用 i 表示行,则第 i 行有 j 列。行列交汇的部分为 i * j。

输出具有行列特征的数据时,应采用双循环。外循环依次打印一行,内循环由 1 循环到 i,输出 i * j 的值。

[参考代码]

```python
for i in range(1,10):
    for j in range(1,i+1):
        print(i,"*",j,"=",i*j,sep="",end="\t")
    print()
```

[运行结果]

```
1*1=1
2*1=2  2*2=4
3*1=3  3*2=6  3*3=9
4*1=4  4*2=8  4*3=12  4*4=16
5*1=5  5*2=10  5*3=15  5*4=20  5*5=25
```

6 ∗ 1=6　6 ∗ 2=12　6 ∗ 3=18　6 ∗ 4=24　6 ∗ 5=30　6 ∗ 6=36

7 ∗ 1=7　7 ∗ 2=14　7 ∗ 3=21　7 ∗ 4=28　7 ∗ 5=35　7 ∗ 6=42　7 ∗ 7=49

8 ∗ 1=8　8 ∗ 2=16　8 ∗ 3=24　8 ∗ 4=32　8 ∗ 5=40　8 ∗ 6=48　8 ∗ 7=56　8 ∗ 8=64

9 ∗ 1=9　9 ∗ 2=18　9 ∗ 3=27　9 ∗ 4=36　9 ∗ 5=45　9 ∗ 6=54　9 ∗ 7=63　9 ∗ 8=72　9 ∗ 9=81

2.求一个 3 ∗ 3 矩阵对角线元素之和。矩阵如下：

$$A = \begin{vmatrix} 1 & 2 & 3 \\ 4 & 5 & 6 \\ 7 & 8 & 9 \end{vmatrix}$$

[解题分析]

此矩阵用 i 表示行,j 表示列,求该矩阵的对角线之和,就是求当 i==j 或 i+j==2 时第 i 行第 j 列的元素之和。

如果三阶矩阵的每个值都是通过键盘输入的,就需要双循环加 input( ) 函数。

[参考代码]

```
A=[[1,2,3],[4,5,6],[7,8,9]]
s=0
for i in range(3):
    for j in range(3):
        print(A[i][j],end="  ")
        if i==j or i+j==2:
            s=s+A[i][j]
    print()
print("矩阵的对角线之和为:",s)
```

[运行结果]

```
1  2  3
4  5  6
7  8  9
矩阵的对角线之和为:25
```

3.在 50~100 内查找第一个能被 9 整除的数。

[解题分析]

此题采用 for 循环,在 50~100 内的遍历中,找到第 1 个能被 9 整除的数时就结束循环,用到了辅助语句 break。

[参考代码]

```
for i in range(50,101):
    if i%9==0:
        print(i)
        break
```

［运行结果］

在 50~100 内第一个被 9 整除的数是：54

4.输入任意正整数,判断其是否是素数。例如,输入 101,判断是否是素数。

［解题分析］

只能被 1 和本身整除的数称为素数。

若要判断一个数 n 是否是素数,可让 n 依次被 2 到 n-1 除,令除数为 i,i 的取值区间为[2,n-1](数学意义上的闭区间),如果 n 不能被任何一个 i 整除,则该数是素数;n 一旦被 i 整除,则该数不是素数,即可退出循环结束判断。

优化一下,可以让 n 依次被 2~$\sqrt{n}$ 整除,可减少循环次数。

［参考代码］

```python
n = int( input("输入任意正整数:"))
flag = True
for i in range(2,n):
    if n%i == 0:
        flag = False
        break
if flag:
    print( n,"是素数")
else:
    print( n,"不是素数")
```

［运行结果］

输入任意正整数:101
101 是素数

也可以借助 Python 特有的 for-else 结构实现,代码如下:

```python
n = int( input("输入任意正整数:"))
for i in range(2,n):
    if n%i == 0:
        print( n,"不是素数")
        break
else:
    print( n,"是素数")
```

［运行结果］

输入任意正整数:101
101 是素数

5.求两个正整数的最大公约数。

［解题分析］

解题方法一:递减穷举法。

假设最大公约数是两个数中比较小的那个,在每次减 1 的递减循环中,判断什么时候能够同时把两个数整除,此时就是最大公约数,退出循环即可。

退出循环用到辅助语句 break。

解题方法二:辗转相除法。

辗转相除法,就是用大数除以小数,再用上次运算中的除数除以余数,如此反复除,直到余数为 0,最后一个除数就是两个数的最大公约数。

此时应该选用 while 循环。

［参考代码］

```
#方法一参考代码:
m = int( input("请输入一个任意正整数:"))
n = int( input("请再输入一个任意正整数:"))
for i in range( min( m,n),0,-1):
    if m%i = = 0 and n%i = = 0:
        print( i,"是最大公约数")
        break
```

［运行结果］

```
请输入一个任意正整数:33
请再输入一个任意正整数:66
33 是最大公约数
#方法二参考代码:
m =int( input("请输入一个任…
n = int( input("请再输入一…
a =max( m,n)
b = min( m,n)
t =a%b
while t! =0:
    a =b
    b =t
    t =a%b
print( b,"是最大公约数")
```

［运行结果］

```
请输入一个任意正整数:36
请再输入一个任意正整数:24
12 是最大公约数
```

【扩展练习】

1.输出各种由"＊"组成的三角形。

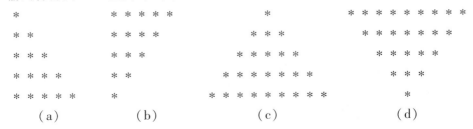

2.输出 500 以内所有的完美数。完美数就是指其所有因子(不包括该数自身)之和等于该数,例如 6＝1+2+3,6 就是完美数。

3.求 1+2!+3!+…+10! 的和。

4.计算 100 以内前 10 个能被 7 整除的数,并求和。

5.输出 500 以内所有的素数。

6.有 1,2,3,4 四个数字,能组成多少个互不相同且无重复数字的三位数? 都是多少?

7.百元买百鸡问题。100 元买 100 只鸡,其中公鸡 5 元 1 只,母鸡 3 元 1 只,小鸡 1 元 3 只,问有多少种买法?

实验 8 序列实验

【实验目的】

1.掌握通用序列的操作方法(索引、分片、加、乘)。

2.计算序列长度,找出最大元素和最小元素。

3.掌握字符串的格式化。

4.掌握字符串的常用方法。

【实验内容】

1.序列中的所有元素都可以通过索引(下标)来获取。

2.分片通过冒号隔开的两个索引来实现。

3.可以使用加法运算符对序列进行连接操作。

4.编写程序,要求利用序列的乘法运算输出特定的文字格式。

5.输入一个字符串,求字符串的长度、字符串中的最大字符和最小字符。

6.使用符号"%"进行格式化。

7.使用 format( )方法进行格式化。

8.字符串常用方法。

【实验步骤】

1.序列中的所有元素都可以通过索引(下标)来获取,运行以下程序观察结果。

[程序代码]

```
str = 'python3.8'          #创建字符串
print(str[0])              #获取索引号为 0 的字符
print(str[-8])             #获取索引号为 -8 的字符
print(str[3])              #获取索引号为 3 的字符
print(str[-1])
```

[运行结果]

```
p
y
h
8
```

2.通过分片的方式获取序列中的指定元素。输入以下内容,观察结果。

[程序代码]

```
strs = '0123456789abcdef'
print(strs[2:])          #获取 strs 中从索引为 2 的元素开始的所有元素
print(strs[:3])          #获取 strs 中从索引 0 到 3 的元素,但不包括索引号为 3 的元素
print(strs[0:4])
print(strs[:-2])         #获取 strs 中从索引 0 到-2 的元素,不包括索引号为-2 的元素
print(strs[-4:-1])
print(strs[-3:])         #获取 strs 中最后的三个元素
print(strs[:])           #获取 strs 中所有元素
print(strs[0:16:1])      #获取序列 strs 中所有元素
print(strs[0:16:2])      #将步长设置为 2,获取 strs 从开始到结束的元素
print(strs[7:1:-1])      #获取 strs 中从索引 7 到 1 的元素,不包括索引号为 1 的元素
print(strs[8:1:-1])
print(strs[9:0:-2])
```

[运行结果]

```
23456789abcdef
012
0123
0123456789abcd
cde
def
0123456789abcdef
0123456789abcdef
02468ace
765432
8765432
97531
```

3.利用加法运算符对序列进行连接操作。输入以下内容,观察结果。

[程序代码]

```
print(" hello "+" student ")          #字符串序列连接
print(" 123456 "+" 789 ")             #字符串序列连接
print(" good "+" 123 ")               #字符串序列连接
print("学习"+" python "+"很有趣! ")     #字符串序列连接
print([1,2,3,4]+[5,6,7,8])            #列表序列连接
print(([1,2],[3,4])+(5,6))            #元组序列连接
```

［运行结果］

hellostudent

123456789

good123

学习 python 很有趣！

[1, 2, 3, 4, 5, 6, 7, 8]

([1, 2], [3, 4], 5, 6)

4.利用序列的乘法运算,格式化输出特定内容。输入以下内容,观察结果。

［程序代码］

```
str = "i love prthon! "            #定义字符串并赋值
print('#' * 10+' ' * 5+"#" * 10)    #利用序列的乘法运算输出20个#和5个*
print(' ' * 25)                     #输出25个空格
print(' ' * 5+str)                  #输出5个空格和字符串
print(' ' * 25)                     #输出25个空格
print('#' * 10+' ' * 5+"#" * 10)
```

［运行结果］

```
##########*****##########
     i   love   prthon!
##########*****##########
```

5.输入一串字符,计算字符串的长度以及字符串中的最大字符和最小字符并输出。

［程序代码］

```
strs = input("请输入一串字符:")        #输入一个字符串并赋值给变量 strs
str_len = len(strs)                 #len()内置函数用来计算字符串的长度
str_max = max(strs)                 #max()内置函数用来求字符串中的最
                                     大字符
str_min = min(strs)                 #min()用来求字符串中的最小字符
print("该字符串长度为:", str_len)       #输出字符串的长度
print("该字符串中最大字符为:", str_max)  #输出字符串中的最大字符
print("该字符串中最小字符为:", str_min)  #输出字符串中的最小字符
```

［运行结果］

```
请输入一串字符:abc123ABC
该字符串长度为:9
该字符串中最大字符为:c
该字符串中最小字符为:1
```

6.使用符号"%"对指定的字符串进行格式化操作。在程序编辑框中输入以下内容,

观察结果。

［程序代码］

```
a = 123                      #定义变量 a 并赋值
b = 23459.12345678           #定义变量 b 并赋值
strs = "abcdefghijklmn"      #定义字符串 strs 并赋值
print("a = %05d "%a)         #控制整型变量 a 输出总长度为 5,不够 5 位用 0 填充
print("b = %10.3f "%b)       #控制浮点数变量 b 输出总长度 10,小数点之后保留
                             3 位
print("strs = %17s "%strs)   #控制输出字符串长度为 17,不够补空格
print("strs = %17r "%strs)   #使用%r 输出字符串
print("strs = %+17.5s "%strs) #+表示右对齐、总长度为 17,输出 strs 中的 5 个字符
```

［运行结果］

```
a =00123
b = 23459.123
strs =   abcdefghijklmn
strs = 'abcdefghijklmn'
strs =           abcde
```

7.使用 format( )方法对指定的字符串进行格式化操作。在程序编辑框中输入以下内容,观察结果。

［程序代码］

```
a = 123                      #定义变量 a 并赋值
b = 23459.12345678           #定义变量 b 并赋值
strs = "abcdefghijklmn"      #定义字符串 strs 并赋值
print("a = {0:06}".format(a))    #输出 6 位数字空位补 0
print("b = {0:,.4f}".format(b))  #输出 b,用千分位分隔并保留 4 位小数
print("{0:*^35}".format(strs))   #输出字符居中,不够 35 位使用 * 填充
```

［运行结果］

```
a =000123
b =23,459.1235

* * * * * * * * * * *abcdefghijklmn* * * * * * * * * * *
```

8.利用 find( )方法,在字符串指定范围内中查找子串。在程序编辑框中输入以下内容,观察结果。

［程序代码］

```
str = "I like doing exercise"   #创建字符串
a = str.find("like")            #在 str 中查找子串"like",返回首字母索引号
b = str.find("like",5,15)       #在 str 指定范围查找子串,如果不存在则返回-1
```

```
c = str.find("like",1,15)
print(a)
print(b)
print(c)
```

[运行结果]

```
2
-1
2
```

【程序说明】

find()方法未设置开始和结束索引时是查找整个字符串,由于"like"子串在字符串中,且是从索引2开始的,因此返回值为2。find()方法设置开始和结束索引时是查找部分字符串,由于"like"子串不在索引为5~15的字符串中,因此返回值为-1。

9.利用count()方法统计字符串里子串出现的次数。在程序编辑框中输入以下内容,观察结果。

[程序代码]

```
strs="This is a big tree!"          #给变量 strs 赋值为"This is a Python book!"
a=strs.count('is')                   #统计 strs 中"is"出现的次数
b=strs.count('is',1,6)               #设置开始索引和结束索引,统计"is"出现的次数
c=strs.count('is',1,7)               #设置开始索引和结束索引,统计"is"出现的次数
print(a)                             #输出 a
print(b)                             #输出 b
print(c)                             #输出 c
```

[运行结果]

```
2
1
2
```

【扩展练习】

1.设定字符串"str=" 98 76 5 21 Hello Python 23 56 8   "",去掉 test_str 中两侧的数字和空格后输出。

2.假设有一段英文"He is A student,he is A boy,and he is 18 years old.he is not A work.",其中有单独的字母"a"误写为"A",请编写程序进行改正。

实验 9　字符串实验

【实验目的】

　　1.掌握字符串格式化的综合运用；
　　2.掌握字符方法的综合运用。

【实验内容】

　　1.给定一个整数数字 0x101011,利用 format( )方法输出其十六进制、十进制、八进制和二进制表示形式,使用英文逗号分隔。
　　2.字符串常用方法练习。
　　3.输入某学生学号 8 位数字,输出该生所在年级、班级以及班级的序号(前 4 位为年级,5~6 位为班级,最后两位是班级序号)。
　　4.编写一个 QQ 注册验证程序。
　　5.输入一行字符,分别统计出其中大写字母、小写字母、数字及其他字符的个数。

【实验步骤】

　　1.给定一个整数数字 0x101011,利用 format( )方法输出其十六进制、十进制、八进制和二进制表示形式,使用英文逗号分隔。
　　［程序代码］
　　print("0x{0:x},{0},0o{0:o},0b{0:b}".format(0x101011))
　　［运行结果］

　　0x101011,1052689,0o4010021,0b10000000010000000010001

　　2.字符串常用方法练习。在程序编辑框中输入以下内容,观察结果。
　　［程序代码］

```
strs = "They are studying Python! "      #创建字符串
print(strs.split( ))                      #以空字符为分割符将字符串全部分割
print(strs.split("",2))                   #以空格字符为分割符将字符串分割 2 次
strs2 = "studying   Python! "            #创建字符串
print('-'.join(strs))                     #用"-"连接 strs2 中的字符
strs3 = ["a","bc","def"]                #创建列表
print("".join(strs3))                     #用空字符将列表 strs3 中元素连接为字符串
```

```
strs4 = 'MonDAY TuesDAY WednesDAYThursDAY FriDAY SaturDAY    SunDAY'
print(strs4.replace('DAY','day'))        #将 strs4 中的 DAY 替换为 day
print(strs4.replace('DAY','day',4))      #将 strs4 中的 day 替换为 DAY,限制次数
strs5 = " 11002110I will study   hard   120022 "
print(strs5.strip('1'))                  #移除 strs5 两侧的 1
print(strs5.strip('01'))                 #移除 strs5 两侧的 01
print(strs5.strip('2'))                  #移除 strs5 两侧的 2
print(strs5.strip('02'))                 #移除 strs5 两侧的 02
print(strs5.strip('102'))                #移除 strs5 两侧的 102
strs6 = " SHe is a   BEAUTIFUL giRL! "
print(strs6.lower())                     #将 strs6 中的大写字符转为小写
print(strs6.upper())                     #将 strs6 中的小写字符转为大写
strs7 = " LUCK2020best "
print(strs7.isalnum())                   #判断 new_str 中是否只有数字或字母
```

[运行结果]

```
['They', 'are', 'studying', 'Python!']
['They', 'are', 'studying Python!']
T-h-e-y- -a-r-e- -s-t-u-d-y-i-n-g- -P-y-t-h-o-n-!
abcdef
Monday Tuesday WednesdayThursday Friday Saturday   Sunday
Monday Tuesday WednesdayThursday FriDAY SaturDAY    SunDAY
002110I will study   hard   120022
2110I will study   hard   120022
11002110I will study   hard   1200
11002110I will study   hard   1
I will study   hard
she is a   beautiful girl!
SHE IS A   BEAUTIFUL GIRL!
True
```

【程序说明】

split()方法:以指定字符为分隔符,从字符串左端开始将其分隔成多个字符串,并返回包含分隔结果的列表。语法格式:str.split([m,n])

其中,str 表示被分隔的字符串;m 表示分隔符,省略时默认为空字符,包括空格、换行、制表符等;n 表示分割次数,省略时默认全部分割。

join()方法:用于将序列中的元素以指定的字符连接,生成一个新的字符串。

语法格式:m.join(str)

其中,m 表示连接符,可以为空;str 表示要连接的元素序列。

replace( )方法:用于将字符串中的旧字符串替换成新字符串。

语法格式:str.replace(old,new[,max])

其中,str 表示被查找字符串;old 表示将被替换的子串;new 表示新字符串,用于替换old 子串;max 是可选参数,表示替换不超过 max 次,省略时默认替换所有。

strip( )方法:用于删除字符串两端连续的空白字符或指定字符。

语法格式:str.strip([chr])

其中,str 表示字符串;chr 表示移除字符串两端指定的字符,省略时默认为空格。

lower( )方法:转换字符串中所有大写字符为小写字母。

upper( )方法:转换字符串中所有小写字符为大写字母。

isalnum( )方法:用于检测字符串是否由字母和数字或其中一种组成。如果是就返回 True,否则返回 False。

3.输入某学生学号 8 位数字,输出该生所在年级、班级以及班级的序号(前 4 位为年级,5~6 位为班级,最后两位是班级序号)。

[程序代码]

```python
xh=input('请输入学号(8 位数字):')        #创建变量并接受从键盘输入的值
if len(xh)==8:                          #条件判断
    print("该生的学号是:"+xh)            #条件成立时输出
else:                                   
    print("错误的学号!")                #条件不成立时输出
nj=xh[0:4]                              #截取字符串的第 1 个至第 4 个字符
bj=xh[4:6]                              #截取字符串的第 5 个和第 6 个字符
bjxh=xh[6:8]                            #截取字符串的第 7 个和第 8 个字符
print("该生是{:^6}级{:^4}班{:^4}号学生".format(nj,bj,bjxh))
```

[运行结果]

```
请输入学号(8 位数字):20200342
该生的学号是:20200342
该生是 2020 级 03 班 42 号学生
```

4.编写一个 QQ 注册验证程序,设定如下条件:

1)用户名必须以星号"*"开头,长度必须为 6~10 个字符。

2)密码必须以星号、数字和字母共同组成,不允许有其他符号,长度必须为 8~12 个字符。

[程序代码]

```python
user=input("请输入用户名:")             #创建变量并接受从键盘输入的值
password=input("请输入密码:")
if user[0]!='*':                        #如果 user 的首字符不是"*"
```

```
        print("用户名请使用星号开头！")              #输出提示信息
    elif 6>len(user) or 10<len(user):              #如果 user 长度小于6或大于10
        print("用户名长度超出限制")                  #输出提示信息
    elif 8>len(password) or 12<len(password):      #如果 password 长度小于8或大于12
        print("密码长度超出限制")                    #输出提示信息
    elif password.find('*')= =-1:                  #如果 password 中不存在"＊"
        print("密码中未输入星号")                    #输出提示信息
    else:                                          #以上条件都不满足
        psswords = password.replace('*','1')       #将 password 中的星号替换为1
        if psswords.isalnum():                     #passwords 中是否只有数字或字母
            print("恭喜您,注册成功！用户名:",user,",密码:",password)
        else:                                      #passwords 中有数字或字母以外的
                                                   #字符
            print("密码中有其他符号,注册失败！")       #输出提示信息
```

［运行结果］

```
请输入用户名:＊haoren
请输入密码:asd4545＊
恭喜您,注册成功！用户名:＊haoren ,密码:asd4545＊
```

5.输入一串字符,分别统计出其中大写字母、小写字母、数字及其他字符的个数。

［程序代码］

```
s=input('请输入字符串')                   #输入字符串
a=0                                      #变量 a 用于存储大写字母个数
b=0                                      #变量 b 用于存储小写字母个数
c=0                                      #变量 b 用于存储小写字母个数
d=0                                      #变量 b 用于存储小写字母个数
for ch in s:                             #循环判断字符串中的每个字母
    if ch.isupper():                     #调用 isupper()方法判断是否为大写字母
        a += 1                           #如果是大写字母 a 加1
    elif ch.islower():                   #调用 islower()方法判断是否为小写字母
        b += 1                           #如果是小写字母 b 加1
    elif ch.isdigit():                   #调用 isdigit():方法判断是否为数字
        c += 1                           #如果是数字 c 加1
    else:                                
        d+=1                             #如果是其他字符 d 加1
print("大写字母{}个,小写字母{}个,数字{}个,其他字符{}个".format(a,b,c,d))
```

［运行结果］

请输入一串字符:asdfHNJKL　　123456
大写字母5个,小写字母4个,数字6个,其他字符4个

【扩展练习】

1.已知字符串" I , love , python ",编写程序提取其中的字符串" love "并输出。

2.编写程序通过键盘输入" I love you ",返回值为" you love I "。

3.输入任意正整数 n,逆序输出该正整数,比如输入 4567,则输出 7654,不考虑异常情况(用分片操作完成)。

4.给定一个数字 123456789.987654321 ,请增加千位分隔符号,设置宽度为 40 、居中对齐方式打印输出,使用" * "填充。

5.获得用户输入的一个字符串,输出其中字母"a"的出现次数,然后将字符串中的"a"替换为"A"。

实验 10　列表实验

【实验目的】

1.掌握列表的概念和创建。

2.掌握列表的各种操作以及常用的方法。

3.掌握列表的遍历。

4.掌握列表推导式。

【实验内容】

1.已知课程列表完成创建、添加、插入、删除等操作。

2.已知列表 X＝[1,3,2,6,4,7,8,9,22,33,43,56,87],完成反向存放、降序排序、元素批量修改操作。

3.编写程序,实现在列表中输入 5 个整数,再把这 5 个数由大到小输出。

4.删除列表[9,26,5,15,4,36,8,41,34,13,37,63]中的所有素数。

5.编写程序,生成一个包含 20 个随机整数的列表,然后对其中偶数下标的元素进行降序排列,奇数下标的元素不变。

6.已知列表['one','three','four','twelve','thirteen','fifteen'],按元素长度降序输出列表中的元素,并输出长度最长的元素。

7.在列表['张亮','刘明','黄和','昌吉','李白','杜甫','柳忠元','齐白石']中查找元素。

8.将列表[6,25,3,15,2,36,8,41,33,13]中的最后 2 个元素依次移到列表的首部,然后将列表降序排序后输出显示。

9.输入任意奇数个整数,要求计算中间数的平方并输出。

10.已知两个 3 行 3 列的矩阵,实现其对应位置的数据相减,并返回一个新矩阵。

11.用列表推导式从列表中选择值小于零的元素组成新的列表并输出该列表。

12.用列表推导式去掉列表中每个元素首尾的空格,然后输出列表。

【实验步骤】

1.已知课程列表 list1＝[" c++",".net"," vf"," python "],完成如下要求:

(1)在该列表末尾添加" sqlsever "课程,并输出。

(2)在".net "课程后添加"java "课程,并输出。

(3)将".net "改为" web 网页设计",并输出。

（4）删除"vf"课程，并输出。

［程序代码］

```
list1 = [" c++",".net"," vf"," python "]    #创建列表 list1 并赋值
list1.append(" sqlsver ")                    #使用 append( )方法在 list1 末尾添加" sqlsever "
print( list1)                                #输出列表
list1.insert( 2," java ")                    #使用 insert( )方法将" java "添加到索引为 2 的
                                             位置
print( list1)                                #输出列表 list1
list1[ 1] ="web 网页设计"                     #将索引号为 1 的元素改为 "web 网页设计"
print( list1)                                #输出 list1
del list1[ 3]                                #删除索引号为 2 的元素
print( list1)                                #输出 list1
```

［运行结果］

```
['c++', '.net', 'vf', 'python', 'sqlsver']
['c++', '.net', 'java', 'vf', 'python', 'sqlsver']
['c++', 'web 网页设计', 'java', 'vf', 'python', 'sqlsver']
['c++', 'web 网页设计', 'java', 'python', 'sqlsver']
```

2.已知列表 X = [1,3,2,6,4,7,8,9,22,33,43,56,87]，完成如下要求：

（1）将列表中的元素反向存放。

（2）将列表中的元素降序排序。

（3）将第 3 到第 5 个元素改为"11,22,33"，然后输出该列表。

［程序代码］

```
x = [ 1,3,2,6,4,7,8,9,22,33,43,56,87]    #创建列表
x.reverse( )                             #使用 reverse( )方法将列表中的元素反
                                         向存放
print( x)                                #输出列表
x.sort( )                                #使用 sort( )方法对列表中的元素进行升
                                         序排序
print( x)                                #输出列表
x[ 2:5] = [ 11,22,33]                    #使用[ 11,22,33]将 x 中索引 2~5 的元
                                         素替换
print( x)                                #输出列表
```

［运行结果］

```
[87, 56, 43, 33, 22, 9, 8, 7, 4, 6, 2, 3, 1]
[1, 2, 3, 4, 6, 7, 8, 9, 22, 33, 43, 56, 87]
[1, 2, 11, 22, 33, 7, 8, 9, 22, 33, 43, 56, 87]
```

3.编写程序,实现在列表中输入 5 个整数,再把这 5 个数由大到小输出。

[程序代码]

```
lb = [ ]                          #创建空列表
for i in range(5):               #利用 for 循环控制输入整数的个数
    x = int(input("请输入一个数:"))  #创建变量并接受从键盘上输入的值
    lb.append(x)                 #利用 append()方法给列表 X 末尾追加元素 x
lb.sort(key = None, reverse = True)  #利用 sort()对列表 lb 中元素反向排序
print(lb)                        #输出
```

[运行结果]

```
请输入一个数:12
请输入一个数:34
请输入一个数:51
请输入一个数:2
请输入一个数:13
[51, 34, 13, 12, 2]
```

4.删除列表[9,26,5,15,4,36,8,41,34,13,37,63]中的所有素数。

[程序代码]

```
m = [9,26,5,15,4,36,8,41,34,13,37,63]  #创建列表并赋值
for i in m:                      #利用 for 循环遍历列表 m
    for j in range(2,i):         #利用 for 循环控制变量 j 的值
        if i%j == 0:             #判断 i 是否能够被 j 整除
            break                #如果 i 能够被 j 整除,则退出循环
        else:                    #如果 i 不能够被 j 整除,
            m.remove(i)          #移除 i
print(m)
```

[运行结果]

```
[9, 26, 15, 4, 36, 8, 34, 37, 63]
```

5.编写程序,生成一个包含 20 个随机整数的列表,然后对其中偶数下标的元素进行降序排列,奇数下标的元素不变。(提示:使用切片。)

[程序代码]

```
import random
x = [random.randint(0,100) for i in range(20)]
print(x)
y = x[::2]
y.sort(reverse = True)
x[::2] = y
```

```
print(x)
```

6.已知列表['one','three','four','twelve','thirteen','fifteen'],按元素长度降序输出列表中的元素,并输出长度最长的元素。

[程序代码]

```
lb=['one','three','four','twelve','thirteen','fifteen']          #创建列表并赋值
lb.sort(key=len,reverse=True)                                     #按元素长度降序排序
print(lb)                                                         #输出列表
print("长度最长的元素是:",lb[0])                                 #输出长度最长的元素
```

[运行结果]

```
['thirteen', 'fifteen', 'twelve', 'three', 'four', 'one']
长度最长的元素是:thirteen
```

7.在列表['张亮','刘明','黄和','昌吉','李白','杜甫','柳忠元','齐白石']中查找元素,如果找到,输出该元素在列表中的索引位置,否则输出未找到。

[程序代码]

```
stu=['张亮','刘明','黄和','昌吉','李白','杜甫','柳忠元','齐白石']
x=input('请输入要查找的人名:')                       #输入要查找的元素
if x in stu:                                          #判断元素是否存在列表 X 中
    a=stu.index(x)                                    #如果元素在该列表中,返回
                                                      索引

    print('元素{0}在列表中的索引为:{1}'.format(x,a))   #输出索引号
else:                                                 #如果元素不在该列表中
    print('列表中不存在该元素!')
```

[运行结果]

```
请输入要查找的人名:昌吉
元素昌吉在列表中的索引为:3
```

8.将列表[6,25,3,15,2,36,8,41,33,13]中的最后 2 个元素依次移到列表的首部,然后将列表降序排序后输出。

[程序代码]

```
lb=[6,25,3,15,2,36,8,41,33,13]       #创建列表 stu 并赋值
for i in range(0,2):                 #限定移动元素的个数
    last=lb.pop()                    #移除列表 lb 中最后一个元素并将其存储
                                     在变量 last 中

    lb.insert(0,last)                #将变量 last 中的值插入列表 lb 中索引为
                                     0 的位置

    lb.sort(reverse=True)            #将列表 lb 中的元素降序排序
print(lb)                            #输出列表 lb
```

［运行结果］

［41，36，33，25，15，13，8，6，3，2］

9.输入任意奇数个整数,要求计算中间数的平方(数值大小处于中间的数)并输出。

［程序代码］

```
Lb=［］                                    #创建空列表
length=int(input("请要输入数字的总个数(奇数):"))#输入整数的个数
i=0                                       #设循环变量的初值为0
while i < length:                         #限定循环变量的条件
    num=int(input("输入第%d 个数字:"%(i+1)))   #输入整数并存放到变量 num 中
    lb.append(num)                        #把变量 num 中的数追加到列
                                          表 lb 中

    i+=1                                  #个数加1
lb.sort()                                 #将列表 lb 升序排序
index = int(length/2)                     #求列表 lb 中中间位置元素的
                                          索引

print(lb[index] * lb[index])              #输出列表 lb 中中间位置元素
                                          的平方
```

［运行结果］

```
请要输入数字的总个数(必须为奇数):3
输入第 1 个数字:4
输入第 2 个数字:2
输入第 3 个数字:5
16
```

10.已知两个 3 行 3 列的矩阵(A = ［［2,5,8］,［3,6,9］,［1,4,7］］,B = ［［1,2,3］,［4,5,6］,［7,8,9］］)),实现其对应位置的数据相减,并返回一个新矩阵

［程序代码］

```
A = ［［2,5,8］,［3,6,9］,［1,4,7］］              #定义矩阵 A
B = ［［1,2,3］,［4,5,6］,［7,8,9］］              #定义矩阵 B
result = ［［0,0,0］,［0,0,0］,［0,0,0］］          #定义新矩阵
for i in range(3):                        #循环控制行
    for j in range(3):                    #循环控制列
        result[i][j] =A[i][j] - B[i][j]   #计算新矩阵中的元素值
for r in result:                          遍历输出新矩阵中的元素
print(r)                                  #输出矩阵
```

［运行结果］

```
[1, 3, 5]
[-1, 1, 3]
[-6, -4, -2]
```

11.用列表推导式完成从列表 lb=［-3,-2,56,-14,26,37.5,-2.3,19,-101,110,
-256］中选择值小于零的元素组成新的列表并输出该列表。

［程序代码］

```
lb=[-3,-2,56,-14,26,37.5,-2.3,19,-101,110,-256]        #创建列表 lb 并赋值
[I for i in lb if i<0]                                  #用列表推导式求列表 lb 中小
                                                         于零的元素
```

［运行结果］

```
[-3, -2, -14, -2.3, -101, -256]
```

12.用列表推导式完成删除列表［'张亮 ','刘明 ','黄和 ', '昌吉 ','李白 ','杜甫 ',
'柳忠元 '］中每个元素首尾的空格,然后输出列表。

［程序代码］

```
lb=['张亮 ','刘明 ','黄和 ', '昌吉 ','李白 ','杜甫 ','柳忠元 ']
lst=［A.strip( ) for A in lb]                            #用列表推导式删除列表中每个
                                                         元素首尾的空格

lst
```

［运行结果］

```
['张亮', '刘明', '黄和', '昌吉', '李白', '杜甫', '柳忠元']
```

［拓展练习］

1.输入任意偶数个整数,计算中间两个数的平均值(位置处于中间的两个数)并输出。

2.输出［3,4,5,6,7,11,12,13,14,16,17,21,22,23,24,25,27,28,29］列表所有奇数
及奇数的平均值。

3.已知两个3行3列的矩阵(A = ［［2,5,8］,［3,6,9］,［1,4,7］］,B = ［［1,2,3］,
［4,5,6］,［7,8,9］］),实现其对应位置的数据平方和,并返回一个新矩阵。

4.输出［4,22,33,62,11,16,7, 24,58,19,42,67,78］列表内的所有偶数及偶数的
个数。

实验 11　元组实验

【实验目的】

1.掌握元组的概念和创建方法。

2.理解元组和列表的区别。

3.掌握元组的遍历方式及简单操作。

【实验内容】

1.编写程序,利用 for 循环遍历元组。

2.编写程序实现列表和元组之间的转换。

3.编写程序将元组(9,26,5,15,4,16,59)和元组(36,8,41,34,13,6,55,88,99)合并。

4.编写程序输出元组中的第 3 个和第 4 个元素。

5.编写程序用分片的形式输出元组的前 6 个元素值。

6.编写程序输出元组的元素个数、最小元素值和最大元素值。

7.将元组的元素按偶数在前、奇数在后的顺序生成新的元组,并输出新元组。

8.已知元组(3,11,8,7,10,2,6,13,9,12,16,18,5,15,14,17,21,25,22,23,26,28),用列表推导式求该元组的每个元素的平方。

【实验步骤】

1.编写程序,利用 for 循环访问元组(9,26,5,15,4,36,8,41,34,13)并输出其中的元素。

[程序代码]

```
x=(9,26,5,15,4,36,8,41,34,13)        #创建元组 x 并赋值
for n in x:                          #用 for 循环遍历列表 x 中的元素
    print(n,end="")                  #输出
```

[运行结果]

9 26 5 15 4 36 8 41 34 13

2.编写程序实现列表和元组之间的转换,在程序编辑框中输入以下程序,观察结果。

[程序代码]

```
lb=['wolf','panda','lion','dragon','tiger','fox','tiger','cat']
yz=tuple(lb)                         #将列表转换为元组
```

```
print(yz)                                               #输出元组
yz=('wolf','panda','lion','dragon','tiger','fox','tiger','cat')
lb=list(yz)                                             #把元组转换为列表
print(lb)                                               #输出列表
```
[运行结果]

```
('wolf', 'panda', 'lion', 'dragon', 'tiger', 'fox', 'tiger', 'cat')
['wolf', 'panda', 'lion', 'dragon', 'tiger', 'fox', 'tiger', 'cat']
```

3.编写程序将元组(9,26,5,15,4,16,59)和元组(36,8,41,34,13,6,55,88,99)合并为一个元组。

[程序代码]
```
yz1=(9,26,5,15,4)                                       #创建元组 yz1 并赋值
yz2=(36,8,41,34,13)                                     #创建元组 yz2 并赋值
yz=yz1+yz2                                              #将元组 yz1 和 yz2 合并后赋给 yz
print(yz)                                               #输出 yz
```
[运行结果]

```
(9, 26, 5, 15, 4, 36, 8, 41, 34, 13)
```

4.编写程序输出元组('1 班','002','张三','1892','黄山','长江','abc')中的第 3 个和第 4 个元素。

[程序代码]
```
yz=('1 班','002','张三','1892','黄山','长江','abc')     #创建元组 yz 并赋值
a=yz[2]                                                 #取元组中的第 3 个元素并
                                                         赋给变量 a
b=yz[3]                                                 #取元组中的第 4 个元素并
                                                         赋给变量 b
print(a,b)                                              #输出
```
[运行结果]

```
张三 1892
```

5.编写程序用分片的形式输出元组(11,88,76,10,22,6,13,8,35,42,56,68,5)的前 6个元素值。

[程序代码]
```
yz=(11,88,76,10,22,6,13,8,35,42,56,68,5)               #创建元组 yz 并赋值
yz1=yz[0:6:1]                                           #用分片的形式获取元组 yz 中
                                                         索引号为 0~6 的元素
print(yz1)                                              #输出
```

［运行结果］

  (11, 88, 76, 10, 22, 6)

6.编写程序输出元组(3,5,8,10,22,6,13,8,35,42,56,68,51)的元素个数、最小元素值和最大元素值。

［程序代码］

```
yz=(3,5,8,10,22,6,13,8,35,42,56,68,51)    #创建元组 yz 并赋值
cd=len(yz)                                 #求元组中元素个数
zd=max(yz)                                 #求元组中最大元素值
zx=min(yz)                                 #求元组中最小元素值
print("元组的个数为:",cd)                   #输出元组元素个数
print("元组的最大元素值为:",zd)             #输出元组 zx 中值最大的元素
print("元组的最小元素值为:",zx)             #输出元组 zx 中值最小的元素
```

［运行结果］

  元组的个数为:13
  元组的最大元素值为:68
  元组的最小元素值为:3

7.将元组(37,11,88,76,10,22,6,13,8,35,42,56,68,5,33,66,94,91)的元素按偶数在前、奇数在后的顺序生成新的元组,并输出新元组。

［程序代码］

```
yz=(37,11,88,76,10,22,6,13,8,35,42,56,68,5,33,66,94,91)  #创建元组 yz 并赋值
lb1=[]                     #创建空列表 lb1
lb2=[]                     #创建空列表 lb2
for n in yz:               #用 for 循环遍历元组
    if  n%2==0:            #判断 n 是否为偶数
            lb1.append(n)  #如果 n 为偶数则追加到列表 lb1 中

    else:
            lb2.append(n)  #如果 n 不为偶数则追加到列表 lb2 中

lb=lb1+lb2                 #将列表 lb1 和 b2 合并后赋给 lb

yz1=tuple(lb)             #将列表 lb 转换为元组后赋给 yz1
```

［运行结果］

  (88, 76, 10, 22, 6, 8, 42, 56, 68, 66, 94, 0, 37, 11, 13, 35, 5, 33, 91)

8.已知元组(3,11,8,7,10,2,6,13,9,12,16,18,23,26,28),用列表推导式求该元组的每个元素的平方。

〔程序代码〕

```
yz=(3,11,8,7,10,2,6,13,9,12,16,18,23,26,28)    #创建元组 yz 并赋值
print([i * i for i in yz])
```

〔运行结果〕

[9, 121, 64, 49, 100, 4, 36, 169, 81, 144, 256, 324, 529, 676, 784]

〔拓展练习〕

1.将元组(37,11,88,76,10,22,6,13,8,35,42,56,68,5,33,66,94,91)的元素素数生成新的元组,并输出新元组。

2.已知元组(3,11,8,7,10,2,6,13,9,25,22,23,26,28),用列表推导式求该元组中每个元素的二分之一。

实验 12　字典练习

【实验目的】

1. 掌握字典的概念和创建方式。

2. 掌握字典的常用方法。

【实验内容】

1. 字典的创建。

2. 字典的基本操作。

3. 字典的常用方法。

4. 将两个列表['a','b'] 和 [1,2] 打包成元组转换为字典。

5. 创建一个字典，其中键是 1~20 的数字(都包括在内)，值是键的平方。

6. 输入年月日，判断这一天是这一年的第几天。

【实验步骤】

1. 字典的创建。

(1) 用{}创建字典。

花括号中应包含多个 key-value 对，key 与 value 之间用英文冒号隔开，多个 key-value 对之间用英文逗号隔开。

[程序代码]

```
stu = {'姓名':'小明','学号':'2016001026','英语':92,'数学':88}
print(stu)
```

[运行结果]

```
{'姓名':'小明', '学号':'2016001026', '英语':92, '数学':88}
```

(2) dict()创建字典。

[程序代码]

```
id_stu = [20301, 20302, 20303, 20304, 20305, 20306]
name = [" Emma "," Mike "," Alice "," Tony "," Olivia "," Allen "]
student = dict(zip(id_stu,name))
print("student 字典里的内容为:",student)
empty_dict = dict()
```

```
print("empty_dict 字典里的内容为:",empty_dict)
```
〔运行结果〕

> student 字典里的内容为:{20301:'Emma', 20302:'Mike', 20303:'Alice', 20304:'Tony', 20305:'Olivia', 20306:'Allen'}
>
> empty_dict 字典里的内容为:{ }

2.字典的基本操作。

(1)通过 key 访问 value,表达式为 dict[key]。

〔程序代码〕

```
print("学号为 20302 的学生的姓名为:",student[20302])
```

〔运行结果〕

> 学号为 20302 的学生的姓名为:Mike

(2)通过 key 添加 key-value 对,表达式为 dict[key]=value。

〔程序代码〕

```
student[20307]="小明"
print("新添加的学生姓名为:",student[20307])
```

〔运行结果〕

> 新添加的学生姓名为:小明

(3)通过 key 修改 key-value 对,表达式为 dict[key]=value(注意:与添加的表达式相同,同样的表达式在不同的情况下作用不同)。

〔程序代码〕

```
student[20305]="小红"
print("学号为 20305 的学生的姓名修改为:",student[20305])
print(student)
```

〔运行结果〕

> 学号为 20305 的学生的姓名修改为:小红
> {20301:'Emma', 20302:'Mike', 20303:'Alice', 20304:'Tony', 20305:'小红', 20306:'Allen', 20307:'小明'}

(4)通过 key 删除 key-value 对,表达式为 del dict[key]。

〔程序代码〕

```
del student[20303]
print(student)
```

〔运行结果〕

> {20301:'Emma', 20302:'Mike', 20304:'Tony', 20305:'小红', 20306:'Allen', 20307:'小明'}

（5）通过 key 判断指定 key-value 对是否存在。运算符为 in 或 not in，判断字典是否包含指定的 key。

［程序代码］

print(20203 in student)

print(20203 not in student)

［运行结果］

> False
> True

3.字典的常用方法。

（1）get( )方法。该方法用来获取 key 对应的 value 值，作用与 dict［key］类似，但 dict ［key］访问的 key 在字典中不存在时，字典会引发 KeyError；但 get( )方法访问的 key 不在字典中时，会直接返回 None，不会导致错误。

［程序代码］

print(student.get(20320))

print(student.get(20302))

［运行结果］

> None
> Mike

（2）items( )、keys( )、values( )方法。

items( )方法可获取字典中所有的 key-value 对，keys( )方法可获取字典中所有的 key，values( ) 方法可获取字典中所有的 value。

［程序代码］

print(student.items( ))

print(student.keys( ))

print(student.values( ))

［运行结果］

> dict_items（［（20301，'Emma'），（20302，'Mike'），（20304，'Tony'），（20305，'小红'），（20306，'Allen'），（20307，'小明'）］）
> dict_keys（［20301，20302，20304，20305，20306，20307］）
> dict_values（［'Emma'，'Mike'，'Tony'，'小红'，'Allen'，'小明'］）

（3）setdefault( )方法。该方法根据 key 来获取对应的 value 值，如果要获取的 key 在字典中，该方法返回 key 对应的 value 值，但如果要获取的 key 不在字典中，则该方法返回设置的默认 value 值。

［程序代码］

print(student.setdefault(20311，"某某某"))

print(student.setdefault(20301 ,"某某某"))

［运行结果］

某某某
Emma

（4）pop( )方法。该方法用来获取指定 key 对应的 value，并将该 key-value 对删除。

［程序代码］

print(student.pop （20301）)

print(student)

［运行结果］

Emma
｛20302：'Mike'， 20304：'Tony'， 20305：'小红'， 20306：'Allen'， 20307：'小明'，
20311：'某某某'｝

（5）popitem( )方法。该方法"随机"弹出字典中的一个 key-value 对。

［程序代码］

print(student.popitem( ))

print(student)

［运行结果］

（20311，'某某某'）
｛20302：'Mike'， 20304：'Tony'， 20305：'小红'， 20306：'Allen'， 20307：'小明'｝

（6）fromkeys( )方法。该方法使用给定的多个 key 来创建字典，默认的 value 值为
None；也可以增加一个参数作为默认的 value 值。

［程序代码］

student_1 = dict.fromkeys(（20208，20209） ，"小王")

print(student_1)

［运行结果］

｛20208：'小王'， 20209：'小王'｝

（7）update( )方法。该方法可以用一个字典中所有的 key-value 对来更新当前已有的
字典。输入以下代码并运行。

［程序代码］

student.update(student_1)

print("更新后的 student 为：",student)

［运行结果］

更新后的 student 为：｛20302：'Mike'， 20304：'Tony'， 20305：'小红'， 20306：'Al-
len'， 20307：'小明'， 20208：'小王'， 20209：'小王'｝

（8）copy（ ）方法。该方法可实现字典的浅复制。

［程序代码］

student_2＝student.copy（ ）

print（student_2）

［运行结果］

> {20302：'Mike'，20304：'Tony'，20305：'小红'，20306：'Allen'，20307：'小明'，20208：'小王'，20209：'小王'}

（9）clear（ ）方法。该方法将清空字典中所有的key-value对，对一个字典执行完该方法后，该字典会变成一个空字典。输入以下代码并运行。

［程序代码］

student.clear（ ）

print（student）

［运行结果］

> {}

4.将两个列表［'a'，'b'］和［1,2］打包成元组转换为字典。

［程序代码］

i＝［'a'，'b'］

l＝［1,2］

print（dict（zip（i，l）））

［运行结果］

> {'a'：1，'b'：2}

5.创建一个字典，其中键是1~20的数字（都包括在内），值是键的平方。

［程序代码］

list1＝［1,2,3,4,5,6,7,8,9,10,11,12,13,14,15,16,17,18,19,20］

list2＝［ ］

for g in list1：

    k＝g＊＊2

    list2.append（k）

list3＝dict（zip（list1，list2））

print（list3）

［运行结果］

> {1：1，2：4，3：9，4：16，5：25，6：36，7：49，8：64，9：81，10：100，11：121，12：144，13：169，14：196，15：225，16：256，17：289，18：324，19：361，20：400}

6.任意创建一个以姓名为键、以年龄为值的字典，编程找到该字典中年龄最大的人并输出。

[程序代码]

```
person={"tianyi":18,"tang":50,"zhang":20,"sun":62}
for i in person.keys():
    y=i
for key in person.keys():
    if person[y]<person[key]:
        y=key
print("%s,%d "%(y,person[y]))
```

[运行结果]

sun,62

[拓展练习]

1.编写代码,合并两个 Python 字典:

d1 = {'a':100, 'b':200}

d2 = {'x':300, 'y':200}

2.统计列表 list1 = [1,2,1,2,3,3,3,3,4,5,4,6,5,4]中所有数字出现的个数,输出如下结果:

数字 1 共出现了:2 次

数字 2 共出现了:2 次

数字 3 共出现了:4 次

3.有如下值集合[11,22,33,44,55,66,77,88,99,90],将所有大于 66 的值保存至字典第一个键 k1 中,将小于 66 的值保存至第二个键 k2 中。

4.已知在一列表中储存如下商品信息,li = ["手机","电脑","鼠标垫","游艇"],要求:将该列表中的商品添加编号并储存在字典中,由用户输入相应的数字实现商品的添加、查询、退出系统等功能。

5.数字重复统计:

a)生成一个列表,列表内有随机生成的 100 个整数;

b)数字范围[20,100];

c)升序输出所有不同的数字及其每个数字重复的次数。

6.用户输入一句英文句子,打印出每个单词及其重复的次数。示例如下:

输入:"hello java hello python"

输出:

hello2

java1

python 1

7.输入年月日,判断这一天是这一年的第几天。

实验 13　集合练习

【实验目的】

　　1.掌握集合的创建方法。
　　2.掌握集合的基本操作。

【实验内容】

　　1.集合的新建。
　　(1)使用大括号{ }创建集合,但大括号{ }不能用于创建空集合。
　　[程序代码]
fruit1 = {'orange', 'pineapple', 'strawberry', 'banana'}
print(fruit1)
　　[运行结果]

　　{'orange', 'pineapple', 'banana', 'strawberry'}

　　(2)使用 set( )函数创建集合。
　　[程序代码]
fruit2 = set( )
fruit3 = set(('peach', 'watermelon'))
print(fruit2)
print(fruit3)
　　[运行结果]

　　set( )
　　{'watermelon', 'peach'}

　　2.添加元素。
　　可以用 add( )和 update( )方法完成对集合元素的添加。
　　[程序代码]
fruit1.add('blueberry')
print(fruit1)
fruit1.update(fruit3)
print(fruit1)

［运行结果］

> {'blueberry', 'orange', 'pineapple', 'strawberry', 'banana'}
> {'blueberry', 'peach', 'orange', 'pineapple', 'watermelon', 'strawberry', 'banana'}

3.移除元素。

remove（ ）方法和 discard（ ）方法都可以移除集合中的元素,但区别是 remove（ ）移除的元素如果不在集合中会报错,而 discard（ ）移除的元素如果不在集合中,不会报错。

［程序代码］

```
fruit1.remove('pineapple')
print(fruit1)
fruit1.discard('apple')
print(fruit1)
```

［运行结果］

> {'blueberry', 'peach', 'orange', 'watermelon', 'strawberry', 'banana'}
> {'blueberry', 'peach', 'orange', 'watermelon', 'strawberry', 'banana'}

4.计算集合元素个数。

len（ ）函数可以返回集合的元素个数。

［程序代码］

```
print(len(fruit1))
```

［运行结果］

> 6

5.判断元素是否在集合中存在。

［程序代码］

```
print('blueberry' in fruit1)
print('apple' in fruit1)
```

［运行结果］

> True
> False

6.复制集合。

［程序代码］

```
fruit4 = fruit1.copy()
print(fruit4)
```

［运行结果］

> {'blueberry', 'peach', 'strawberry', 'orange', 'watermelon', 'banana'}

7.集合运算。

［程序代码］

```
print(fruit1-fruit3)
print(fruit1|fruit3)
print(fruit1&fruit3)
print(fruit1^fruit3)
```

［运行结果］

```
{'blueberry', 'orange', 'banana', 'strawberry'}
{'blueberry', 'peach', 'strawberry', 'orange', 'watermelon', 'banana'}
{'watermelon', 'peach'}
{'blueberry', 'banana', 'orange', 'strawberry'}
```

8.清空集合。

［程序代码］

```
fruit1.clear( )
print(fruit1)
```

［运行结果］

```
set( )
```

9.将列表 list_a＝［1,3,5,5,7］和列表 list_b＝［2,5,7,7,9,1］添加到集合 set_a＝{"java","sql",'vf','vb'}中,并删除集合中原有的元素"sql"。

［程序代码］

```
set_a={"java","sql","vf","vb"}
list_a=[1,3,5,5,7]
list_b=[2,5,7,7,9,1]
set_a.update(list_a,list_b)
print(set_a)
set_a.remove('sql')
print(set_a)
```

［运行结果］

```
{1, 2, 3, 'vb', 5, 7, 9, 'vf', 'java', 'sql'}
{1, 2, 3, 'vb', 5, 7, 9, 'vf', 'java'}
```

10.有两组学生,第一组学生选修了语文课,第二组学生选修了数学课。但是其中有一些学生既选修了语文,也选修了数学,要求快速定位到这种学生。

［程序代码］

```
stu_math={"陈司","李大","王二"}
stu_Chinese={"陈司","王二"}
```

print(stu_math&stu_Chinese)

[运行结果]

{'王二', '陈司'}

11.请用自己的算法，按升序合并如下两个list，并去除重复的元素：

list1 = [2, 3, 7, 70, 70, 5, 6,18]

list2 = [5, 6, 10, 17, 3, 2,1]

[程序代码]

list1 = [2,3,7,70,70,5,6,18]

list2 = [5,6,10,17,3,2,1]

list3 = sorted(set(list1+list2))

print(list3)

[运行结果]

[1, 2, 3, 5, 6, 7, 10, 17, 18, 70]

[拓展练习]

1.创建一个名为 set_1 的空集，将字符串"acdeff"和数字 1 添加到该集合中。

2.已知集合 thisset 中存放了字符串"Google"，编程实现将字符串"taobao"，数字 1、2、3、3、2、5、7 分别添加进集合 thisset 中。

3.用户输入任意一个数字，判断该数字是否在集合 s = {"ss",1,3,5,9,'a',"kk", "sky","notebook"}中。若存在则随机删除集合 s 中的一个元素并输出该元素，若不存在，则返回该数字不在集合 S 中。

4.创建一个集合 aSet，含有 10 个元素，每个元素是 10~99 内的一个随机数。创建一个集合 bSet，含有 10 个元素，每个元素是 10~99 内的一个随机数。求集合 aSet 和集合 bSet 的交集、并集、差集和对称差集(补集)

5.小明两天内需要完成：写字、看书、画画、浇花、跑步、练琴、打球、做清洁、喝茶、跳舞等 10 项任务，他将这 10 项任务存放在一个总任务列表中。今天小明已经完成了 4 项任务，请找出小明未完成的任务。

实验 14　函数练习

【实验目的】

1.掌握自定义函数的定义和调用方法。

2.理解函数中参数的作用。

3.理解函数中 return 的作用。

【实验内容】

1.自定义函数,实现用户输入任意字符串,统计传入字符串中数字、字母、空格以及其他字符的个数,并将结果返回给调用者打印出来。

［程序代码］

```
def func(s):
        dic={'num':0, 'alpha':0, 'space':0, 'other':0}
        for i in s:
            if i.isdigit():
                dic['num']+=1
            elif i.isalpha():
                dic['alpha']+=1
            elif i.isspace():
                dic['space']+=1
            else:
                dic['other']+=1
        return dic
s=input("请输入一串字符")
count=fun(s)
print(count)
```

［运行结果］

请输入一串字符 h78bi 8SEDX4Tsd''hu g76ui56t
{'num':8, 'alpha':16, 'space':2, 'other':2}

2.自定义函数,实现用户输入任意字符串,判断传入的字符串对象的长度是否大于5。

［程序代码］

```
def func2(ob):
```

```
    if len(ob)>5:
        return True
    else:
        return False
s=input("请输入任意字符串:")
ret=func2(s)
print(ret)
```
[运行结果]

请输入任意字符串:fjeowiafjey7
True

3.自定义函数,接收两个数字参数,将较大的数字返回给调用者。

[程序代码]
```
def func3(a,b):
    if a>b:
        return a
    else:
        return b
num1=int(input("请输入一个数:"))
num2=int(input("请输入另一个数:"))
ret=func3(num1,num2)
print(ret)
```
[运行结果]

请输入一个数:15
请输入另一个数:20
20

4.自定义函数,获取传入列表对象的所有奇数位索引对应的元素,并将其作为新列表返回给调用者。

[程序代码]
```
def func4(ob):
    return ob[1::2]
li=[1,3,5,7,9]
ret=func4(li)
print(ret)
```
[运行结果]

[3, 7]

5.自定义函数,检查传入列表对象的长度。如果长度大于2,那么仅保留前两个长度的内容,并将新内容形成列表返回给调用者,如果长度小于等于2,那么将原列表返回给调用者。

[程序代码]

```
def func5(ob):
    if len(ob)>2:
        return ob[:2]
    else:
        return ob
li=[1,7,9,0,6]
ret=func5(li)
print(ret)
```

[运行结果]

[1, 7]

[拓展练习]

1.自定义函数,接收一个参数且此参数必须是列表数据类型,返回一个字典给调用者,此字典的键值对为传入列表的索引及对应的元素。

例如:传入列表为[11,22,33],返回字典为{0:11,1:22,2:33}。

2.自定义函数,实现用户输入姓名、性别、年龄、学历,将用户输入的四个内容传入函数,然后形成一个字典返回给调用者。

例如:返回字典为{'name':'张三','sex':'男','age':18,'edu':'本科'}

3.自定义函数,实现一个简单的累加器。

例如:用户输入5+9+6+12+13,计算出最后的结果并将其返回给调用者。

4.自定义函数,接收一个列表数据类型的参数且此参数的每个元素必须是字符串数据类型,移除传入列表中每个元素的前后空格,并找出以"A"或者"a"开头且以"c"结尾的元素组成新列表返回给调用者。

实验 15　类与对象的基本操作实验

【实验目的】

1.理解和掌握面向对象的设计过程。

2.掌握类的声明、对象的创建方法。

3.掌握构造方法及其重载。

4.掌握构造函数的使用。

5.掌握如何调用对象的成员变量和成员方法。

【实验内容】

1.通过对现实中电脑进行分析,设计一个电脑类 Computer 并创建对象,测试各项功能。

2.根据要求实现圆类 Circle 的设计。

3.设计一个类 Person,能够调用相应方法显示姓名和年龄。

4.在前一题的基础上创建一个 Person 类子类中国人 Chinese,新增一个方法 speak,输出"我说中国话"。创建一个 Person 类子类美国人 American,新增方法 speak,输出"I speak English"。

【实验步骤】

1.通过对现实中电脑进行分析,设计电脑类 Computer 并创建对象,测试各项功能。该类包括电脑的基本属性和基本方法。属性包括品牌 brand、价格 price、操作系统 osname;方法包括显示设备信息 display( )、影音娱乐 playing( )方法。在 main 方法中创建电脑类 Computer 的对象,并测试各项功能。

[参考代码]

```
class Computer：
    def __init__( self, brand,price,osname)：
        self.brand＝brand
        self.price＝price
        self.osname＝osname
    def display( self)：
        print("电脑品牌:", self.brand,"价格:", self.price,"操作系统为:", self.os-
        name)
```

```
    def playing(self,value):
        print("电脑正在播放",value)
com1 = Computer("联想",5000,"Windows10")
com1.display()
com1.playing("西游记")
print("-" * 50)
com2 = Computer("苹果",8888,"iOS")
com2.display()
com2.playing("大闹天宫")
```

［运行结果］

```
电脑品牌:联想 价格:5000 操作系统为:Windows10
电脑正在播放 西游记
--------------------------------------------------
电脑品牌:苹果 价格:8888 操作系统为:iOS
电脑正在播放 大闹天宫
```

2. 根据要求实现圆类 Circle 的设计。圆类的设计要求如下:

① 圆类 Circle 的私有成员属性:

__radius 表示圆的半径,初始化为 10。

② 圆类 Circle 的方法成员:

showRadius():输出圆的半径值

setRadius( ):修改圆的半径值

getPerimeter():获得圆的周长

getArea():获得圆的面积

showInfo():将圆的周长和圆的面积输出到屏幕

［参考代码］

```
import math
class Circle:
    __radius = 10
    def setRadius(self,value):
        self.__radius = value
    def showRadius(self):
        print("圆的半径为:",self.__radius)
    def getPerimeter(self):
        return 2 * math.pi * self.__radius
    def getArea(self):
        return math.pi * math.pow(self.__radius,2)
```

```
    def showInfo(self):
        print("圆的周长为:",self.getPerimeter(),",圆的面积为:",self.getArea(),
        sep="")
circle=Circle()
circle.showRadius()
circle.showInfo()
print("-"*60)
circle.setRadius(20)
circle.showRadius()
circle.showInfo()
```

［运行结果］

圆的半径为:10
圆的周长为:62.83185307179586,圆的面积为:314.1592653589793

圆的半径为:20
圆的周长为:125.66370614359172,圆的面积为:1256.6370614359173

3.设计一个类 Person,能够调用相应方法显示学生姓名和年龄。Person 类中有两个私有属性:姓名 name 和年龄 age 。定义构造方法用来初始化成员属性。定义 speak()方法,输出"欢迎来到 Python 世界",再定义 display()方法将姓名和年龄打印出来,并调用 speak()方法。在 main 方法中创建人类的实例然后将信息显示。

［参考代码］
```
class Person:
    def __init__(self,name,age):
        self.__name=name
        self.__age=age
    def speak(self):
        print("欢迎来到 Python 世界")
    def display(self):
        print("姓名为:",self.__name,",年龄为:",self.__age,sep="")
        self.speak()
p=Person("刘小东",38)
p.display()
```

［运行结果］

姓名为:刘小东,年龄为:38
欢迎来到 Python 世界

4.在 3 题的基础上创建一个中国人的子类 Chinese,重写 speak()方法,输出"我说中国话"。新增 kongfu( )方法,输出"我会功夫"。创建一个子类美国人 American,重写 speak( )方法,输出"I speak English"。新增 boxing( )方法,输出"I like boxing"。

在 main 方法中生成 2 个子类的对象,调用 display( )方法和各自新增的方法。

[参考代码]

```
class Chinese(Person):
    def speak(self):
        print("我说中国话")
    def kongfu(self):
        print("我会功夫")
class American(Person):
    def speak(self):
        print(" I speak English ")
    def boxing(self):
        print(" I like boxing ")
person1 = Chinese("李小龙",38)
person2 = American(" Jack ",40)
person1.display( )
person1.kongfu( )
person2.display( )
person2.boxing( )
```

[运行结果]

```
姓名为:李小龙,年龄为:38
我说中国话
我会功夫
姓名为:Jack,年龄为:40
I speak English
I like boxing
```

[拓展练习]

1.定义一个表示学生信息的类 Student,要求如下:

①类 Student 的成员属性:

name　　公共属性,表示姓名;

__python　　私有属性,表示 Python 课程成绩,初始为 60。

②类 Student 的方法成员:

getPython( ):获得 Python 课程成绩

setPython( ):设置 Python 课程成绩

showInfo( ):输出命名和成绩

2.按第 1 题中学生类 Student 的定义,创建两个该类的对象,存储并输出两个学生的信息并输出这两个学生 Python 语言成绩的平均值。

具体流程为:

①刘小东,Python 成绩为 99;

郑小佳,Python 成绩为 50;

输出 2 个学生的 Python 的平均值。

②将郑小佳的 Python 成绩修改为 90;

输出 2 个学生的 Python 的平均值。

实验 16　正则表达式

【实验目的】

1.熟悉正则表达式库及常用函数的使用方法。

2.掌握正则表达式的写法。

3.熟练使用正则表达式里的各种元字符。

4.掌握贪婪和懒惰匹配。

【实验内容】

1.用正则表达式匹配列表内的 1~999 的数。

2.用正则表达式匹配出合法的 ip 地址。

3.用正则表达式匹配常用的电子邮箱地址。

4.用 findall 函数匹配字符串中邮箱地址。

5.用 sub 函数替换字符串中的邮箱地址。

【实验步骤】

1.已知列表 lst = ［'66','9','99','999','9999','106','009','a4','4a','java','010', '0','256'］,请用正则表达式把列表内的 1~999 的数匹配出来,并将匹配结果打印出来。

［参考代码］

```
import re
lst = ［'66','9','99','999','9999','106','009','a4','4a','java','010','0','256'］
pattern = r'\b^[1-9]\d{0,2}\b'          #正则表达式
                                        #或者 pattern = r'\b^[1-9][0-9]{0,2}\b'

for i in lst:                           #遍历列表
    s = re.match(pattern, i)            #匹配正则表达式
        if s:                           #如果匹配成功
            print(s.group(), end=",")   #打印结果
```

［运行结果］

66,9,99,999,106,256,

【代码分析】

这道题的重点是正确书写正则表达式,下面一起来分析如何编写正则表达式匹配

1~999的数字。数字应该是以非 0 数字开头,所以第一位数必须是 1~9 内的一个数,可以用^[1-9]来匹配,后面的几位数可以是 0~9,所以可以用[0-9]或者 \d 来匹配。后面几位数出现的次数是不确定的,可以用{0,2}范围来表示,出现 0 次,匹配的是 1 位数,范围为 1~9;出现 1 次,匹配的是 2 位数,范围为 10~99;出现 2 次,匹配的是 3 位数,范围为 100~999。然后正则表达式的前后加上单词边界匹配符,就能匹配 1~999 的数字。最后遍历整个列表,将列表的每个元素和正则表达式匹配,如果匹配成功,就返回一个 Match 对象给 s,调用 Match 对象的方法 group( )就可以取得匹配值;如果匹配不成功,就返回一个 None 给 s,这时 if 后面的 s 为 None,条件满足,就不会打印匹配值。

2.已知列表 lst = ['192.168.1.1','0.0.0.0','111.111.111.111','17.16.52.100','172.16.105.55','333.444.555.666','001.022.003.000','257.257.255.256','255.255.255.255'],请用正则表达式匹配出列表里合法的 ip 地址。ip 地址由 4 个数组成,每个数的取值范围为 0~255,数之间用“.”隔开,非 0 的数首位不能为 0,如 03,023,008 是错误的。

[参考代码]

```
#匹配合法的 ip 地址
import re
pattern = r'(\b([0-9]|[1-9][0-9]|1[0-9][0-9]|2[0-5][0-5])\b.){3}(\b([0-9]|[1-9][0-9]|1[0-9][0-9]|2[0-5][0-5])\b)'
lst = ['192.168.1.1','0.0.0.0','111.111.111.111','17.16.52.100','172.16.105.55',
       '333.444.555.666','001.022.003.000','257.257.255.256','255.255.255.255']
for i in lst:
    s = re.match(pattern,i)
    if s:
        print(s.group())
```

[运行结果]

```
192.168.1.1
0.0.0.0
111.111.111.111
17.16.52.100
172.16.105.55
255.255.255.255
```

【代码分析】

首先分析正则表达式的写法,ip 地址由 4 个数组成,每个数的取值范围为 0~255,前面三个数每个数后面都有一个小圆点。接下来分析怎么用正则表达式表示这个数。可以分四种情况,每种情况表示不同的取值范围。

第一种情况,这个数只有一位数,它的取值范围为 0~9,这种情况的正则表达式为

[0-9]或\d;

第二种情况,这个数是两位数,取值范围为10~99,首位数不能为0,只能为1~9内的数,这种情况的正则表达式为[1-9][0-9]或者[1-9]\d;

第三种情况,这个数是三位数,取值范围为100~199,首位数只能为1,其正则表达式为[1[0-9][0-9]或者1\d\d;

第四种情况,这个数是三位数,取值范围为200~255,首位数只能为2,第二和第三位数的取值范围为[0-5],其正则表达式为2[0-5][0-5]。

然后用选择匹配符将这几种情况组合起来,组合的正则表达式就能匹配任意的0~255内的数,正则表达式的前后需要加上边界匹配符,最后的正则表达式为\b([0-9]|[1-9][0-9]|1[0-9][0-9]|2[0-5][0-5])\b,前面三个数都是数加点,出现了3次,可以表示为(\b([0-9]|[1-9][0-9]|1[0-9][0-9]|2[0-5][0-5])\b.){3},后面再跟一个数,这个数后面没有点,最后为(\b([0-9]|[1-9][0-9]|1[0-9][0-9]|2[0-5][0-5])\b.){3}(\b([0-9]|[1-9][0-9]|1[0-9][0-9]|2[0-5][0-5])\b),也可以把其中的[0-9]改为\d,所以也可以写为(\b(\d|[1-9]\d|1\d\d|2[0-5][0-5])\b.){3}(\b(\d|[1-9]\d|1\d\d|2[0-5][0-5])\b)。其余代码和上一题一样,就不做分析了。

3.已知列表 lst = ['test@hot-mail.com','vip@pass.com','web.man@edu.com.cn','super.user@google.cooom','aaa@163.net','kkk@linux.org','num_test@sina.com'],请用正则表达式匹配出列表里常用的电子邮箱地址。邮箱前面的用户名可以使用"_"和".",但不能用"_"或"."或数字作为用户名的第一位。

[参考代码]

```
import re
pattern = r'^[^0-9._][A-Za-z0-9._]+@([A-Za-z0-9]+.)+(com|cn|net|org)$'
lst = ['test@hotmail.com','9vip@pass.com','xiaoyu@sohu.coom','web.man@edu.com.cn','super_user@google.com','aaa@163.net','kkk@linux.org','.test@sina.com','_tt@163.com']
for i in lst:
    s = re.match(pattern,i)
    if s:
        print(s.group())
```

[运行结果]

```
test@hotmail.com
web.man@edu.com.cn
super_user@google.com
aaa@163.net
kkk@linux.org
```

【代码分析】

主要分析正则表达式的写法:电子邮箱的地址由两部分内容组成,内容之间用@符号连接。

第一部分是用户名,用户名的合法字符是数字、字母、"_"或".",对应表达式为[A-Za-z0-9._]。这些字符可以出现1次或多次,所以后面要用限定符+,但不能以数字或点或下画线开头,对应表达式为^[^0-9._],用户名的最后表达式为^[^0-9._][A-Za-z0-9._]+。

第二部分是邮箱服务器域名,也包括两部分,一是公司域名,可以由数字和字母组成,表示为[A-Za-z0-9],这些字符可以出现1到多次,后面需加限定符+,公司的前面可能出现二级域名代表公司下属部门,之间都用小圆点隔开。格式"字符串."可能出现多次,如test@bumen1.gongsi.com。格式"字符串."后面也需加限定符+,最后表达式为([A-Za-z0-9]+.)+。二是顶级域名部分,常用顶级域名有com、cn、org、net等,顶级域名一般出现在邮箱地址的最后面,所以可以用(com|cn|net|org)$表示。

整个邮箱地址的表达式为"^[^0-9._][A-Za-z0-9._]+@([A-Za-z0-9]+.)+(com|cn|net|org)$"。

4.已知字符串 s="""56612@qq.com,jhhf@163.net,spijd@sina.com
    sknmgf@139.com,kkksdfj@136.org
kluir423@123.com""",请用正则表达式匹配出字符串中所有com邮箱地址。

[参考代码]

```
import re
s="""56612@qq.com,jhhf@163.net,spijd@sina.com
    sknmgf@139.com,kkksdfj@136.org
    kluir423@123.com"""
pattern=r"\w+@\w+.com"              #匹配com邮箱
lst=re.findall(pattern,s)
print(lst)
```

[运行结果]

['56612@qq.com','spijd@sina.com','sknmgf@139.com','kluir423@123.com']

【代码分析】

由于题目中邮箱地址名没有限制,可以由任意的字母数字构成,表示为\w,可以出现1次或多次,加限定符号+,用户名为\w+,公司域名也一样为\w+,因为要匹配com邮箱,所以在公司名后要匹配.com,最终表达式为"\w+@\w+.com"。因为要匹配所有符合条件的邮箱,所以用findall函数匹配,findall函数匹配所有满足条件的字符串,放入列表中,所以最后的结果是一个列表。

5.已知字符串 s="56612@qq.com,werk@163.net,xiaotu@sina.com,sssf@139.com, someone@ 134.org, pwoer@ 123.com ", 请将字符串中的所有 com 邮箱替换为"test@ 163. com"。

［参考代码］

import re

s=" 56612@ qq.com, werk@ 163.net, xiaotu@ sina.com, sssf@ 139.com, someone@ 134.org, pwoer@ 123.com "

pattern=r "\w+@ \w+.com "

strings=re.sub(pattern,'test@ 163.com',s)

print(strings)

［运行结果］

test@ 163.com, werk@ 163.net, test@ 163.com, test@ 163.com, someone@ 134.org, test@ 163.com

【代码分析】

此题正则表达式和第四题一样,使用 sub 函数来替换符合正则表达式的内容,从运行结果可知,已经把字符串中所有 com 邮箱替换为"test@ 163.com", sub 函数的返回结果也是字符串。

【扩展练习】

1.编写正则表达式,匹配所有中文。

2.编写正则表达式,匹配日期格式。

3.编写正则表达式,匹配手机号码。

4.编写正则表达式,匹配 URL 地址。

实验 17　网络爬虫

【实验目的】

1.掌握网络爬虫的工作原理。

2.熟悉常用爬虫库 urllib, requests。

3.熟悉网页解析库 BeautifulSoup。

4.了解网络爬虫框架 Scrapy 的使用方法。

【实验内容】

编写爬虫程序,抓取糗事百科的段子及相关信息。

【实验步骤】

1.编写爬虫程序,抓取糗事百科的段子及相关信息(如作者信息、投票、评论等),格式化后写入文本文件"段子.txt"中,要求可以指定起始页和终止页。

步骤一:分析网址 URL 规律。

打开糗事百科网站,https://www.qiushibaike.com/text/,单击网页下面的不同页码,观察顶部 url 地址栏的变化,如图 17-1 所示。

图 17-1　网站首页

发现 URL 地址为 https://www.qiushibaike.com/text/page/数字/,不同的数字代表不同的页面。

步骤二:根据要爬取的内容分析网页标签。

爬取内容为段子及相关信息(如作者信息、投票、评论等),如图 17-2 所示。

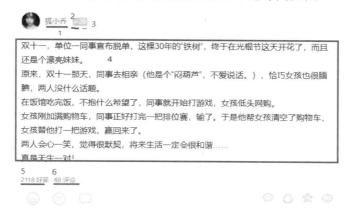

图 17-2　爬取内容

1 是作者名,2 代表性别,3 为年龄,4 为段子内容,5 为投票数,6 为评论数。

分析网页标签,如图 17-3 所示。

图 17-3　爬取内容分析

步骤三:根据网页分析结果,结合理论教材相关内容编写代码。

[参考代码]

```
import requests
from bs4 import BeautifulSoup
```

```
def replace（strings）：
                                              #去除文字内容中的一些网页标记
        strings = re.sub（ re.compile（ '<br>|</br>|/>|<br'）,"",strings）
        result = strings.strip（）            #去除文字内容首尾部分空格
        return    result


def get_page（url）：
    try：
        headers = {" User-Agent ";" Mozilla/5.0（Windows NT 10.0；Win64；x64）
AppleWebKit/537.36（KHTML， like Gecko） Chrome/86.0.4240.193 Safari/537.36 Edg/
86.0.622.68 "}
        response = requests.get（url,headers=headers）
                                              #增加 headers，模拟浏览器
        res.raise_for_status（）              #返回异常,抛出异常
        response.encoding='utf-8'             #设置编码方式为 utf-8
        return response.text
    except requests.Timeout    as e：
        print("异常：",e）
        print("出现异常,退出程序！")
    def get_info（html,page）：
        output = """第{}页第{}楼 \n 作者：{}，性别：{}，年龄：{} \n 内容：{}\n 投
票：{} ,评论：{},赞：{},踩：{}\n-----------\n"""
                                              #段子输出格式
        soup = BeautifulSoup（html， 'html.parser'）
        info = soup.find（id='content'）
        #提取每页里包含段子的部分网页
        article_list = info.find_all（'div'， class_=" article "）
    #提取段子文章列表
        num=1                                 #表示楼层
        for i in article_list：
            author = i.find（'h2'）.string     #获取作者名字
            content = i.find（'div'， class_='content'）.find（'span'）.get_text（）
                                              #获取段子内容
            vote = i.find（'div'， class_='stats'）.find（'span',
        class_='stats-vote'）.find（'i'， class_='number'）.string
                                              #获取投票数
            comment = i.find（'div'， class_='stats'）.find（'span',
```

```
              class_='stats-comments').find('i', class_='number').string
                                                  #获取评论数
              author_info = i.find('div', class_='articleGender')
                                                  #获取 年龄,性别
              if author_info is not None:         #非匿名用户

                  if "womenIcon" in author_info['class']:
                      sex = '女'
                  elif "manIcon" in author_info['class']:
                      sex = '男'
                  else:
                      sex = ''
                  age = author_info.string         #获取年龄
         else:                                     #匿名用户
             sex = ''
             age = ''
             up=i.find('li',class_='up').find('span',class_='number hidden').string
                                                  #获取赞数
             down = i. find ('li', class_='down'). find ('span', class_='number
             hidden').string

                                                  #获取踩数


         save_info_to_txt(output.format(page, num, replace(author), sex, age,
         replace(content), vote, comment, up,down))
num+=1


def save_info_to_txt(*args):
    for i in args:
        with open('段子.txt', 'a', encoding='utf-8') as f:
                                                  #写入文本文件
            f.write(i)
def main():                                       #分析网页 url 规则,段子页面范围
                                                  为 1~13
    start=int(input('请输入起始页数:'))            #输入起始页
    end=int(input('请输入结束页数:'))             #输入终止页
    for i in range(start, end+1):                 #构造段子所在网页的 url,i 表示第
                                                  i 页
```

```
url = 'https://qiushibaike.com/text/page/||/'.format(i)
        html = get_page(url)                    #获取网页内容
        get_info(html,i)                        #从网页提取段子及相关信息并写
                                                入文件

    print("爬取工作完成！")

if __name__ == '__main__':
main()
```

上面代码使用 BeautifulSoup 库来解析网页内容，也可以使用正则表达式来解析网页内容，只需要改写 get_info 函数内容即可，其余代码不变。

get_info 函数参考代码如下：

```
def get_info(html,page):                        #获取一个页面的所有段子
    output = """第||页第||楼 \n 作者:||，性别:||，年龄:|| \n 内容:||\n 投
票:||，评论:||，赞:||，踩:||\n------------\n"""#段子输出格式
                                                #匹配所有需要提取信息的正则
                                                表达式
    pattern=re.compile('<div class="author.*? <h2>(.*?)</h2>.*? articleGender
(.*?)Icon">(.*?)</div>.*? <div class="content">.*? <span>(.*?)</span>.*?
<span.*? stats-vote.*? number">(.*?)</i>.*? stats-comments.*? number">
(.*?)</i>.*? up.*? number hidden">(.*?)</span>.*? down.*? number
hidden">(.*?)</span>',re.S)
        article_list=re.findall(pattern,html)   #返回段子列表
        num=1                                   #表示楼层
    for item in article_list:                   #循环段子列表,每个 item 代表段
                                                子列表里的一个段子

        author=replace(item[0])                 #提取作者姓名并删去网页标记
        #print(item)
        sex=''                                  #获取性别
        if item[1]=='man':
            sex='男'
        else:
            sex='女'
        age=item[2]                             #获取年龄
        content=replace(item[3])                #获取段子内容并去网页标记
        vote=item[4]                            #获取投票数
        comment=item[5]                         #获取评论数
        up=item[6]                              #获取点赞数
```

　　　down＝item［7］　　　　　　　　　　　　#获取踩数
　　　save_info_to_txt（output.format（page，num，author，sex，age，content，vote，
comment，up，down））　　　　　　　　　　#格式化写入文本文件
　　　num＋＝1
　　最后程序运行结果都是一样。
［运行结果］

　　请输入起始页数：5
　　请输入结束页数：7
　　爬取工作完成！

　　图17-4为存放格式化之后的爬取数据的文本文件内容。

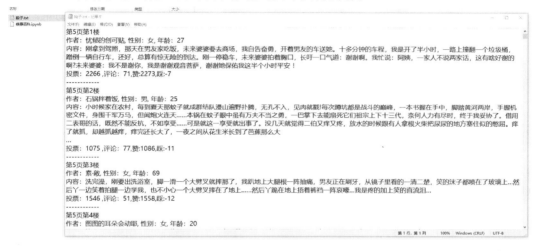

图17-4　格式化文本文件

【扩展练习】

　　1.爬取百度贴吧 https：//tieba.baidu.com/p/3207137446 里面的图片存入文件夹c：\pic
里面。
　　2.用爬虫框架 Scrapy 实现第1题的爬虫。

实验 18　数据分析

【实验目的】

1.掌握 Numpy 数据处理基础：数组数据结构、常规数组操作、矩阵的运算。

2.掌握 Pandas 数据分析基础：DataFrame 数据结构、常规 DataFrame 操作、统计分析。

3.掌握 Matplotlib 绘图基础：基本图形的绘制。

【实验内容】

1.利用 Python 中第三方库 Numpy 创建数组，并对数组中的元素进行访问、修改。

2.利用 Numpy 来计算矩阵的特征值特征向量。

3.利用 Python 中第三方库 Pandas 导入 excel 数据，并且创建 DataFrame 数据。

4.利用 Pandas 可以进行统计分析。

5.利用 Python 中第三方库 Matplotlib 绘制散点图、折线图。

【实验步骤】

1.利用 Numpy 创建数并且进行基本操作。

（1）创建一个二维数组。

［程序代码］

```
import numpy as np                              #导入 numpy 库
arr2＝np.array([[2,5,6,7,0],[5,62,-1,5,9]])     #创建二维数组 arr2
print(arr2)                                     #输出数组 arr2
```

［运行结果］

```
[[ 2  5  6  7  0]
 [ 5 62 -1  5  9]]
```

（2）找出例题 1 中数组的元素 62 和元素 7,0。

［程序代码］

```
import numpy as np                              #导入 numpy 库
arr2＝np.array([[2,5,6,7,0],[5,62,-1,5,9]])     #创建二维数组 arr2
print(arr2[1][1])                               #输出数组 arr2 中 1 行 1 列的
                                                 元素 62

print(arr2[0][3:5])                             #输出数组 arr2 中 0 行 3 列 4
```

列元素 7,0

［运行结果］

```
62
[7, 0]
```

2.计算矩阵 $G = \begin{pmatrix} -2 & 1 & 1 \\ 0 & 2 & 0 \\ -4 & 1 & 3 \end{pmatrix}$ 的特征值和特征向量。

［程序代码］

```
import numpy as np                              #导入 numpy 库
import numpy.linalg as la                       #导入 linalg 模块
G = np.array([[-2,1,1],[0,2,0],[-4,1,3]])       #输入矩阵 G
H = la.eig(G)                                    #将矩阵 G 进行特征值分解
print(H)
```

［运行结果］

```
(array([-1.,  2.,  2.]),
 array([[-0.70710678, -0.24253563,  0.30151134],
        [ 0.        ,  0.        ,  0.90453403],
        [-0.70710678, -0.9701425 ,  0.30151134]]))
```

［说明］

这个输出结果包括两个部分：第一部分 array([-1., 2., 2.])，表示矩阵的特征值有 3 个，分别为-1,2,2；第二部分 array 代表 3 行 3 列的特征向量。

3.导入 excel 数据。现将 c:data 路径下的成绩单数据导入 Anaconda 中的 jupyter。

［程序代码］

```
import pandas as pd                             #导入 pandas 库
data = pd.read_excel('c:\data\成绩单.xls')        #c 盘 data 路径下的成绩单
print(data)
```

［运行结果］

	姓名	语文成绩	数学成绩	英语成绩	计算机成绩
0	王晓	90	85	76.0	72
1	张伟	85	75	100.0	97
2	李东	73	100	NaN	99
3	陈果	87	90	65.0	84

4.利用 pandas 进行统计分析。计算上题中各科成绩的相关系数。

[程序代码]

```
import pandas as pd
data = pd.read_excel('c:\data\成绩单.xls',index_col="姓名")
print(data.corr())                                    #所有成绩的相关系数
print("\n",data.loc[:,["语文成绩","数学成绩"]].corr())
                                      #语文成绩与数学成绩的相关系数
```

[运行结果]

	语文成绩	数学成绩	英语成绩	计算机成绩
语文成绩	1.000000	−0.676559	−0.580940	−0.782529
数学成绩	−0.676559	1.000000	−0.999777	0.140130
英语成绩	−0.580940	−0.999777	1.000000	0.687422
计算机成绩	−0.782529	0.140130	0.687422	1.000000

	语文成绩	数学成绩
语文成绩	1.000000	−0.676559
数学成绩	−0.676559	1.000000

结果解释:数据分析中往往相通过计算两个变量之间的相关系数,然后建立模型去模拟数据。

5.利用 matplotlib 绘制图形。甲公司在 198x 年 1 月 1 日到 2020 年 1 月 10 日的每天的销售收入、销售成本见表 18-1。

表 18-1 甲公司销售表

时 间	销售收入	销售成本	时 间	销售收入	销售成本
1 月 1 日	35000	17541	1 月 6 日	65842	44874
1 月 2 日	35841	18457	1 月 7 日	54853	33548
1 月 3 日	25842	10584	1 月 8 日	52148	2540
1 月 4 日	48572	20152	1 月 9 日	65482	47842
1 月 5 日	14082	6584	1 月 10 日	34859	15749

根据表格中的数据绘制销售收入与销售成本的散点图与折线图。

散点图:

[程序代码]

```
import matplotlib.pyplot as plt
```

```
import numpy as np
x =[35000,35841,25842,48572,14082,65842,54853,52148,65482,34859]
y =[17541,18457,10584,20152,6584,44874,33548,2540,47842,15749]
plt.scatter(x,y)
plt.rcParams["font.sans-serif"] =["SimHei"]        #显示中文
plt.title("销售收入与销售成本散点图")              #散点图的题目
plt.xlabel("销售收入")                              #x 轴的名称
plt.ylabel("销售成本")                              #y 轴的名称
plt.show()                                          #显示图形
```

[运行结果]

散点图如图 18-1 所示。

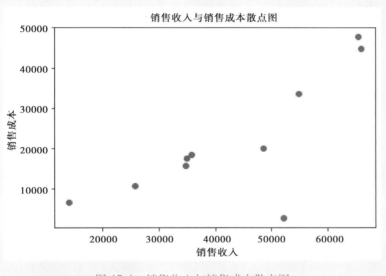

图 18-1 销售收入与销售成本散点图

折线图：

[程序代码]

```
import matplotlib.pyplot as plt
import numpy as np
x =[14082,25842,34859,35000,35841,48572,52148,54853,65482,65842]
                                              #x 的值排序
y =[6584,10584,15749,17541,18457,20152,2540,33548,44874,47842]
plt.plot(x,y)
plt.rcParams["font.sans-serif"] =["SimHei"]        #显示中文
plt.title("销售收入与销售成本折线图")              #折线图的题目
```

```
plt.xlabel("销售收入")                    #x 轴的名称
plt.ylabel("销售成本")                    #y 轴的名称
plt.show( )                               #显示图形
```

［运行结果］

折线图如图 18-2 所示。

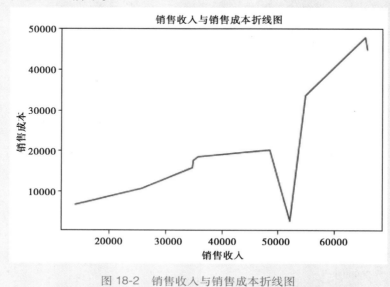

图 18-2　销售收入与销售成本折线图

实验 19　Turtle 库实验

【实验目的】

1.掌握用 Python 标准库 Turtle 绘制图形的方法。

2.掌握用 Turtle 绘制图形的基本流程。

【实验内容】

1.在指定画布上绘制一条线段。

2.绘制太阳花。

3.绘制五角星。

4.绘制时钟程序。

【实验步骤】

1.在指定画布上绘制一条线段。

［程序代码］

```
import turtle
turtle.screensize(800,600, "green")
turtle.screensize()                      #返回默认大小(400,300)
turtle.forward(200)
turtle.done()
```

2.绘制太阳花。

［程序代码］

```
import turtle
import time
#同时设置 pencolor=color1, fillcolor=color2
turtle.color("red", "yellow")
turtle.begin_fill()
for _ in range(50):
    turtle.forward(200)
    turtle.left(170)
turtle.end_fill()
turtle.mainloop()
```

［运行结果］

绘制的图形如图 19-1 所示。

图 19-1　太阳花

3.绘制五角星。

［程序代码］

```python
import turtle
import time

turtle.pensize(5)
turtle.pencolor("yellow")
turtle.fillcolor("red")

turtle.begin_fill()
for _ in range(5):
    turtle.forward(200)
    turtle.right(144)
turtle.end_fill()
time.sleep(2)

turtle.penup()
turtle.goto(-150,-120)
turtle.color("violet")
turtle.write("Done", font=('Arial', 40, 'normal'))

turtle.mainloop()
```

［运行结果］

绘制的图形如图 19-2 所示。

图 19-2 五角星

4.绘制时钟程序。

［程序代码］

```
#coding=utf-8

import turtle
from datetime import *

#抬起画笔,向前运动一段距离放下
def Skip(step):
    turtle.penup()
    turtle.forward(step)
    turtle.pendown()

def mkHand(name, length):
    #注册 Turtle 形状,建立表针 Turtle
    turtle.reset()
    Skip(-length * 0.1)
    #开始记录多边形的顶点。当前的乌龟位置是多边形的第一个顶点。
    turtle.begin_poly()
    turtle.forward(length * 1.1)
    #停止记录多边形的顶点。当前的乌龟位置是多边形的最后一个顶点,将其与第
```

一个顶点相连。

```
turtle.end_poly( )
#返回最后记录的多边形。
handForm = turtle.get_poly( )
turtle.register_shape(name, handForm)

def Init( ):
    global secHand, minHand, hurHand, printer
    #重置 Turtle 指向北
    turtle.mode("logo")
    #建立三个表针 Turtle 并初始化
    mkHand("secHand", 135)
    mkHand("minHand", 125)
    mkHand("hurHand", 90)
    secHand = turtle.Turtle( )
    secHand.shape("secHand")
    minHand = turtle.Turtle( )
    minHand.shape("minHand")
    hurHand = turtle.Turtle( )
    hurHand.shape("hurHand")

    for hand in secHand, minHand, hurHand:
        hand.shapesize(1, 1, 3)
        hand.speed(0)

    #建立输出文字 Turtle
    printer = turtle.Turtle( )
    #隐藏画笔的 turtle 形状
    printer.hideturtle( )
    printer.penup( )

def SetupClock(radius):
    #建立表的外框
    turtle.reset( )
    turtle.pensize(7)
    for i in range(60):
        Skip(radius)
```

```
        if i % 5 == 0:
            turtle.forward(20)
            Skip(-radius - 20)

            Skip(radius + 20)
            if i == 0:
                turtle.write(int(12), align="center", font=("Courier", 14, "bold"))
                    elif i == 30:
                        Skip(25)
                        turtle.write(int(i/5), align="center", font=("Courier", 14,
                        "bold"))
                        Skip(-25)
                    elif (i == 25 or i == 35):
                        Skip(20)
                        turtle.write(int(i/5), align="center", font=("Courier", 14,
                        "bold"))
                        Skip(-20)
                    else:
                        turtle.write(int(i/5), align="center", font=("Courier", "
                        bold"))
            Skip(-radius - 20)
        else:
            turtle.dot(5)
            Skip(-radius)
        turtle.right(6)


def Week(t):
    week = ["星期一", "星期二", "星期三",
            "星期四", "星期五", "星期六", "星期日"]
    return week[t.weekday()]


def Date(t):
    y = t.year
    m = t.month
    d = t.day
    return "%s %d%d" % (y, m, d)
```

```
def Tick():
    #绘制表针的动态显示
    t = datetime.today()
    second = t.second + t.microsecond * 0.000001
    minute = t.minute + second / 60.0
    hour = t.hour + minute / 60.0
    secHand.setheading(6 * second)
    minHand.setheading(6 * minute)
    hurHand.setheading(30 * hour)

    turtle.tracer(False)
    printer.forward(65)
    printer.write(Week(t), align="center",
                font=("Courier", 14, "bold"))
    printer.back(130)
    printer.write(Date(t), align="center",
                font=("Courier", 14, "bold"))
    printer.home()
    turtle.tracer(True)

    #100ms 后继续调用 tick
    turtle.ontimer(Tick, 100)

def main():
    #打开/关闭龟动画,并为更新图纸设置延迟。
    turtle.tracer(False)
    Init()
    SetupClock(160)
    turtle.tracer(True)
    Tick()
    turtle.mainloop()

if __name__ == "__main__":
    main()
```

［运行结果］

绘制的图形如图 19-3 所示。

图 19-3 时钟程序结果

［程序说明］

Turtle 是 Python 语言中一个很流行的绘制图像的标准函数库,可以理解为一只小乌龟,从一个横轴为 x、纵轴为 y 的坐标原点开始,根据一组函数指令的控制,在平面坐标系中移动,从而在它爬行的路径上绘制图形。

(1)画布(canvas):用于绘图区域,可以设置大小和初始位置。设置画布大小:turtle. screensize(canvwidth = None,canvheight = None,bg = None),参数分别为画布的宽(单位像素)、高、背景颜色。

turtle.setup(width = 0.5,height = 0.75,startx = None,starty = None),参数 width,height:输入宽和高为整数时,表示像素;为小数时,表示占据电脑屏幕的比例。(startx,starty):这一坐标表示矩形窗口左上角顶点的位置,如果为空,则窗口位于屏幕中心。

如:turtle.setup(width = 0.6,height = 0.6)

turtle.setup(width = 800,height = 800,startx = 100,starty = 100)

(2)画笔的属性:

turtle.pensize():设置画笔的宽度;

turtle.pencolor():没有参数传入,返回当前画笔颜色,传入参数设置画笔颜色,可以是字符串如" green "," red ",也可以是 RGB 3 元组。

turtle.speed(speed):设置画笔移动速度,画笔绘制的速度范围为[0,10]的整数,数字越大速度越快。

(3)绘图命令:

画笔运动命令见表 19-1,画笔控制命令见表 19-2,全局控制命令见表 19-3。

表 19-1 画笔运动命令

命 令	说 明
turtle.forward(distance)	向当前画笔方向移动 distance 像素长度

续表

命 令	说 明
turtle.backward(distance)	向当前画笔相反方向移动 distance 像素长度
turtle.right(degree)	顺时针移动 degree°
turtle.left(degree)	逆时针移动 degree°
turtle.pendown()	移动时绘制图形,缺省时也为绘制
turtle.goto(x,y)	将画笔移动到坐标为 x,y 的位置
turtle.penup()	提起笔移动,不绘制图形,用于另起一个地方绘制
turtle.circle()	画圆,半径为正(负),表示圆心在画笔的左边(右边)画圆
setx()	将当前 x 轴移动到指定位置
sety()	将当前 y 轴移动到指定位置
setheading(angle)	设置当前朝向为 angle 角度

表 19-2　画笔控制命令

命 令	说 明
turtle.fillcolor(colorstring)	绘制图形的填充颜色
turtle.color(color1,color2)	同时设置 pencolor=color1,fillcolor=color2
turtle.filling()	返回当前是否在填充状态
turtle.begin_fill()	准备开始填充图形
turtle.end_fill()	填充完成
turtle.hideturtle()	隐藏画笔的 turtle 形状
turtle.showturtle()	显示画笔的 turtle 形状

表 19-3　全局控制命令

命 令	说 明
turtle.clear()	清空 turtle 窗口,但是 turtle 的位置和状态不会改变
turtle.reset()	清空窗口,重置 turtle 状态为起始状态
turtle.undo()	撤销上一个 turtle 动作

续表

命 令	说 明
turtle.isvisible( )	返回当前 turtle 是否可见
stamp( )	复制当前图形

［拓展练习］

1.绘制一个正方形。

2.绘制三个同心圆。

第 2 部分

练习题

习题 1　初识 Python

一、选择题

1.Python 源程序执行的方式是(　　)。

A.编译执行　　　　　B.解释执行　　　　　C.直接执行　　　　　D.边编译边执行

2.下面哪个不是 Python 常用的开发工具?(　　)。

A.IDLE　　　　　　B.Anaconda　　　　　C.Eclipse+PyDev　　　　D.vc++

3.下列领域中,使用 Python 不可以实现的是(　　)。

A.Web 应用开发　　B.科学计算　　　　　C.操作系统管理　　　D.3D 游戏开发

4.Python 中,下面哪个注释方式是错误的?(　　)。

A.#注释内容　　　　B.′′′注释内容′′′　　C."""注释内容"""　　　D.′′注释内容′

5.Python 中,#通常用于注释(　　)。

A.单行语句　　　　　B.多行语句　　　　　C.错误信息　　　　　D.单行和多行语句

6.Python 中,′′′′′′通常用于注释(　　)。

A.单行语句　　　　　B.多行语句　　　　　C.错误信息　　　　　D.函数

7.Python 语言属于(　　)。

A.机器语言　　　　　B.汇编语言　　　　　C.高级语言　　　　　D.科学计算语言

8.下列选项中,不属于 Python 特点的是(　　)。

A.面向对象　　　　　B.运行效率高　　　　C.可读性好　　　　　D.开源

9.Python 程序文件的扩展名是(　　)。

A.python　　　　　　B.pyt　　　　　　　C.pt　　　　　　　　D.py

10.以下叙述中,正确的是(　　)。

A.Python 3.x 与 Python 2.x 兼容

B.Python 语句只能以程序方式执行

C.Python 是解释型语言

D.Python 语言出现得晚,具有其他高级语言的一切优点

11.下列选项中,不属于 Python 语言特点的是(　　)。

A.简单易学　　　　　B.开源　　　　　　　C.面向过程　　　　　D.可移植性

12.下列关于 Python 的说法中,错误的是(　　)。

A.Python 是从 ABC 发展起来的

B.Python 源程序需编译和连接后才可生成可执行文件

C.Python 是开源的,它可以被移植到许多平台上

D.Python 是一门高级的计算机语言

二、填空题

1.Python 语句既可以采用交互式的_____执行方式,又可以采用_____执行方式。

2.在 Python 集成开发环境中,可使用快捷键_____运行程序。

3.流程图是描述 _____ 的常用工具。

4.程序流程图中箭头表示_____。

5.在 Python 语句行中使用多条语句,语句之间使用_____分隔;如果语句太长,可以使用_____作为续行符。

6.Python 语言通过_____来区分不同的语句块。

7.在一个语句内写多条语句时,每个语句之间用_____符号分隔。

8.一语句要在下一行继续写,用_____符号作为续行符。

9.Python 是一种_____类型的编程语言。

10.Python 语句 print("hello word")的输出是_____。

11.Python 解释器在语法上不支持_____的编程方式。

12.False,and,true,if。不是 python 语言的保留字的是_____。

三、判断题

1.Python 具有面向对象、运行效率高、可读性好、开源等特点。　　　　　　(　　)

2.因为 Python 出现得晚,且是由其他诸多语言发展而来的,所以 Python 具有其他高级语言的一切优点。　　　　　　　　　　　　　　　　　　　　　　(　　)

3.为了使 Python 具有较好的可读性,于是采用强制缩进的方式。　　　　(　　)

4.Python 常被称为胶水语言,是因为它能够把用其他语言制作的模块联结在一起。
　　　　　　　　　　　　　　　　　　　　　　　　　　　　　(　　)

5.Python2.x 和 Python3.x 两个系列的版本之间是完全兼容的。　　　(　　)

6.Python 3.x 和 Python 2.x 唯一的区别就是:print 在 Python 2.x 中是输出语句,而在 Python 3.x 中是输出函数。　　　　　　　　　　　　　　　　　　(　　)

7.进行游戏开发时,游戏的高性能模块一般使用 Python 编写,逻辑和服务器一般使用 C++编写。　　　　　　　　　　　　　　　　　　　　　　　　　(　　)

8.使用 Jupyter Notebook 将编写好的代码以扩展名为.ipynb 的源程序文件另存到桌面上,然后在桌面上点击对应文件图标能将文件直接打开。　　　　　　　(　　)

9.Python 源程序文件的扩展名为.pyn。　　　　　　　　　　　　　(　　)

10.用三对引号进行多行注释时,注释语句行数必须为两行或两行以上。　(　　)

11.放在一对三引号之间的任何内容将被认为是注释。　　　　　　　(　　)

12.以"#"开始的单行注释,这种注释不能单独占一行,只能出现在一行中对应代码内容的右侧。　　　　　　　　　　　　　　　　　　　　　　　　　(　　)

13.在运行 Python 程序时,不能发现注释中的拼写错误。 （　　）

14.Python 程序的每一行只能写一条语句。 （　　）

15.在 Python 中最好使用 4 个空格进行悬挂式缩进,同一级别的代码块的缩进可以不同。 （　　）

16.为了让代码更加紧凑,编写 Python 程序时应尽量避免加入空格和空行。 （　　）

17.在 Python 中,当代码长度太长时建议进行换行,可以在行尾使用续航符"／"来表示下面紧接的一行仍属于当前语句。 （　　）

18.写在［　］、{　}内的跨行语句被视为一行语句,不再需要使用圆括号换行。 （　　）

习题 2　Python 语言基础

一、选择题

1.Python 语言语句块的标记是(　　　)。

A.分号　　　　　　　B.逗号　　　　　　　C.缩进　　　　　　　D./

2.Python 语言中整型对应的英文是(　　　)。

A.int　　　　　　　B.float　　　　　　　C.str　　　　　　　D.chr

3.关于 Python 下列说法中,错误的是(　　　)。

A.变量不必事先声明　　　　　　　B.变量无须先创建和赋值而直接使用

C.变量无须指定类型　　　　　　　D.变量需要赋值

4.下面哪个不是 Python 合法的变量类型?(　　　)

A.int　　　　　　　B.float　　　　　　　C.str　　　　　　　D.char

5.Python 语句 x = int(56.7 + 72.9 + 88.5)执行后,x 的值为(　　　)。

A.210　　　　　　　B.218.1　　　　　　　C.218　　　　　　　D.219

6.Python 语句 y = float(81.2 + 72.2 + 5)执行后,y 的值为(　　　)。

A.158.4　　　　　　B.158　　　　　　　C.159　　　　　　　D.160

7.Python 语句 print("海内存知己 \0\0 天涯若比邻")执行后,显示结果为(　　　)。

A.海内存知己 天涯若比邻　　　　　　B.海内存知己天涯若比邻

C.海内存知己,天涯若比邻　　　　　　D.海内存知己:天涯若比邻

8.转义字符\n 的功能为(　　　)。

A.空格　　　　　　　B.换行　　　　　　　C.退格　　　　　　　D.水平制表

9.下列哪项不是变量的三个基本要素?(　　　)

A.变量名　　　　　　B.变量值　　　　　　C.变量的类型　　　　D.常量

10.Python 语言中,常量一般用(　　　)命名。

A.英文大写字母　　　B.英文小写字母　　　C.特殊符号　　　　D.转义字符

11.以下为合法的用户自定义标识符是(　　　)。

A.continue　　　　　B.break　　　　　　　C.5a3v　　　　　　D._kill23

12.Python 语言中的标识符只能由字母、数字和下画线三种字符组成,且第一个字符(　　　)。

A.必须是字母

B.必须为下画线

C.必须为字母或下画线

D.可以是字母、数字和下画线中的任一种字符

13.Python 支持多行语句,下面对于多行语句描述有误的是(　　　　)。

A.一行可以书写多个语句　　　　　　　　B.一个语句可以分多行书写

C.一行多语句可以用分号隔开　　　　　　D.一个语句多行书写时直接按回车即可

14.下列运算符中优先级最高的是(　　　　)。

A.&　　　　　　　B. * *　　　　　　　C.<=　　　　　　　D. *

15.Python 的赋值功能强大,当 a＝11 时,运行 a+＝11 后,a 的值是(　　　　)。

A.True　　　　　　B.12　　　　　　　C.11　　　　　　　D.22

16.Python 语句 x ＝(96 + 92)／ 2 执行后,变量 x 的值为(　　　　)。

A.80　　　　　　　B.90　　　　　　　C.94　　　　　　　D.95

17.Python 语句 y ＝(10 * 11)% 4 执行后,变量 y 的值为(　　　　)。

A.0　　　　　　　B.1　　　　　　　　C.2　　　　　　　　D.3

18.Python 语句 z ＝ 10 // 4 执行后,变量 z 的值为(　　　　)。

A.0　　　　　　　B.1　　　　　　　　C.2　　　　　　　　D.3

19.Python 语句 h ＝ 10 * * 2 执行后,变量 h 的值为(　　　　)。

A.0　　　　　　　B.10　　　　　　　C.100　　　　　　　D.1000

20.Python 语句 x,y ＝ 90,50、print(x > y)依次执行后,输出结果为(　　　　)。

A.True　　　　　　B.False　　　　　　C.0　　　　　　　　D.1

21.Python 语句 a,b ＝ 31,55、print(a ＝＝ b)依次执行后,输出结果为(　　　　)。

A.True　　　　　　B.False　　　　　　C.0　　　　　　　　D.1

22.Python 语句 week ＝ "星期二"、time ＝ 20、bool ＝(week ＝＝ "星期二")and(time ＝＝ 20)依次执行后,变量 bool 的值为(　　　　)。

A.True　　　　　　　B.False　　　　　　　C.0　　　　　　　　D.1

23.Python 语句 week ＝ "星期三"、time ＝ 30、bool ＝(week ＝＝ "星期二")or(time ＝＝ 20)依次执行后,变量 bool 的值为(　　　　)。

A.True　　　　　　B.False　　　　　　C.0　　　　　　　　D.1

24.以下运算符,优先级最低的为(　　　　)。

A.－　　　　　　　B.+　　　　　　　C. *　　　　　　　　D.or

25.整型变量 x 中存放了一个两位数,要将这个两位数的个位数字和十位数字交换位置,例如,13 变成 31,正确的 Python 表达式是(　　　　)。

A.(x%10) * 10+x//10　　　　　　　　B.(x%10)//10+x//10

C.(x/10)%10+x//10　　　　　　　　D.(x%10) * 10+x%10

26.与数学表达式 $\dfrac{cd}{2ab}$ 对应的 Python 表达式中,不正确的是(　　　　)。

A.c * d/(2 * a * b)　　B.c/2 * d/a/b　　　C.c * d/2 * a * b　　　D.c * d/2/a/b

27.下列选项中,合法的标识符是(　　　　)。

A._7a_b　　　　　　B.break　　　　　　C._a $b　　　　　　D.7ab

28.下列标识符中,合法的是(　　　　)。

A.i′m   B._   C.3Q   D.for

29.Python 不支持的数据类型有(   )。

A.char   B.int   C.float   D.list

30.关于 Python 中的复数,下列说法错误的是(   )。

A.表示复数的语法形式是 a+bj   B.实部和虚部都必须是浮点数

C.虚部必须加后缀 j,且必须是小写   D.函数 abs()可以求复数的模

31.函数 type(1+0xf＊3.14)的返回结果是(   )。

A.<class ′int′>   B.<class ′long′>   C.<class ′str′>   D.<class ′float′>

32.字符串 s=′a\nb\tc′,则 len(s)的值是(   )。

A.7   B.6   C.5   D.4

33.Python 语句 print(0xA+0xB)的输出结果是(   )。

A.0xA+0xB   B.′AB′   C.0xA0xB   D.21

34.下列属于 math 库的数学函数是(   )。

A.time()   B.round()   C.sqrt()   D.random()

35.Python 表达式中,可以使用(   )控制运算的优先顺序。

A.方括号〔〕   B.圆括号()   C.大括号{}   D.尖括号<>

36.下列表达式中,值不是 1 的是(   )。

A.4//3   B.15 % 2   C.1^0   D.~1

37.Python 语句 print(r"\nGood ")的运行结果是(   )。

A.新行和字符串 Good   B.r"\nGood "

C.\nGood   D.字符 r、新行和字符串 Good

38.整型变量 x 中存放了一个两位数,要将这个两位数的个位数字和十位数字交换位置,例如,24 变成42,正确的 Python 表达式是(   )。

A.(x%10)＊10+x//10   B.(x%10)//10+x//10

C.(x/10)%10+x//10   D.(x%10)＊10+x%10

39.与数学表达式 $\dfrac{ed}{2ab}$ 对应的 Python 表达式中,不正确的是(   )。

A.e＊d/(2＊a＊b)   B.e/2＊d/a/b   C.e＊d/2＊a＊b   D.e＊d/2/a/b

40.在 Python3 中,下列输出变量 a 的正确写法是(   )。

A.print a   B.print(a)   C.print " a "   D.print(" a ")

41.设 a=1,b=2,c=3,d=4,表达式 a>b andc<=d or 2＊a>c 的值是(   )。

A.False   B.True   C.-1   D.1

42.假设 A=3,B=5,C=2,则表达式 not(B<C) and A>C 的值是(   )。

A.True   B.False   C.表达式错误   D.不确定

43.假设 X=3,Y=5,Z=2,则表达式(X^2+Y)/Z 的值是(   )。

A.1   B.5   C.3   D.2.0

二、填空题

1.Python 变量名中可以包括_____、数字和_____,但是不能以数字开头。

2.在 Python 中查看关键字,需要在 Python 解释器中执行_____和_____这两条命令。

3.数学式 3+(a+b)2 对应的 Python 表达式是_____。

4.表达式 [(x+y)+z] X 360-50(c+d) 有错误,其正确形式是_____。

5.语句 not(3>5 and 5<7 or 8+9<23)的输出结果是_____。

6.13&9 的结果是_____。

7.使用 math 模块库中的函数时,必须要使用_____语句导入该模块。

8.Python 表达式 1/2 的值为_____,1//3+1//3+1//3 的值为_____,5%3 的值为_____。

9.Python 表达式 0x66 & 0o66 的值为_____。

10.设 m,n 为整型,则与 m%n 等价的表达式为_____。

11.计算 $2^{31}-1$ 的 Python 表达式是 _____。

12.数学表达式 $\dfrac{e^{|x-y|}}{3^x+\sqrt{6}\,\sin y}$ 的 Python 表达式为_____。

13.在 Python 中,赋值的含义是使变量 _____一个数据对象,该变量是该数据对象的_____。

14.和 x/=x*y+z 等价的语句是_____。

15.语句 print('AAA',"BBB",sep='-',end='!')执行的结果是_____。

16.表达式 2<=1 and 0 or not 0 的值是_____。

17.已知 ans='n',则表达式 ans=='y'or 'Y'的值为_____。

18.Python 提供了两个对象身份比较运算符_____和_____来测试两个变量是否指向同一个对象。

19.在直角坐标系中,x、y 是坐标系中任意点的位置,用 x 和 y 表示第一象限或第二象限的 Python 表达式为_____。

20.已知 a=3,b=5,c=6,d=True,则表达式 not d or a>=0 and a+c>b+3 的值是_____。

21.Python 表达式 16-2*5>7*8/2 or "XYZ"!="xyz" and not(10-6>18/2)的值为_____。

22.下列 Python 语句的运行结果是_____。

x=True

y=False

z=False

print(x or y and z)

23.执行下列 Python 语句将产生的结果是_____。

m = True

n = False

p = True

b1 = m | n^p; b2 = n | m^p

print(b1,b2)

24.下面代码的输出结果是_____。

x = 0o1010

print(x)

25.下面代码的输出结果是_____。

x = 0o1011

print(x)

26.下面代码的输出结果是_____。

x = 10

y = 3

print(x+y * 2)

27.下面代码的输出结果是_____。

x = 10

y = 5

print(x+y * * 2)

28.下面代码的输出结果是_____。

x = 10

y = 5

print(x/y * * 2)

29.下面代码的输出结果是_____。

x = 10

y = 5

print(x%y−2)

30.下面代码的输出结果是_____。

x = 12.5

print(type(x))

31.下面代码的输出结果是_____。

x = 13

print(type(x))

32.下面代码的输出结果是_____。

x = " ab "

print(type(x))

33.下面代码的输出结果是_____。

x = 0>1

print(type(x))

34.下面代码的输出结果是_____。

a = 5

b = 3

a ** = b

print(a)

35.下面代码的输出结果是_____。

a = 5

b = 3

a+=b

print(a)

36.下面代码的输出结果是_____。

a = 5

b = 3

a-=b

print(a)

37.下面代码的输出结果是_____。

a = 5

b = 3

a//=b

print(a)

38.表达式 16/4-2 * 5 * 8/4%5//2 的值为_____。

39.数学关系表达式 3<=x<10 表示成正确的 Python 表达式为_____。

40.5%3+3//5 * 2 的运算结果是_____。

41.int(1234.5678 * 10+0.5)%100 的运算结果是_____。

42.X、Y、Z 表示三角形的 3 条边,条件"三角形任意两边和大于第三边"的布尔表达式可以用_____表示。

43.x = 2,y = 3,执行 x,y = y,x 之后,x 和 y 的值分别是_____。

44.len("hello,word!")的输出结果为_____。

45.342,242,0b11010010,o362。与 Oxf2 值相等的是_____。

46.0b072,0a1010,0o711,0x456。以上是八进制数的是_____。

47.对负数取平方根,即使用函数 pow(-1,0.5),将产生_____。

48.以下代码的输出结果是_____。

a = " 3 "

b = 2

print（a+b）

49.Python 标准库 math 中用来计算平方根的函数是_____。

50.查看变量类型的 Python 内置函数是_____。

51.查看变量内存地址的 Python 内置函数是_____。

52.表达式[1，2，3]＊3 的执行结果为_____。

53.已知 x＝3,那么执行语句 x＊＝6 之后,x 的值为_____。

54.表达式 int(4＊＊0.5) 的值为_____。

55.已知 x＝'123'和 y＝'456',那么表达式 x＋y 的值为_____。

56.已知 x＝123 和 y＝456,那么表达式 x＋y 的值为_____。

57.(123 or 456)语句输出结果是_____。

58.与关系表达式 x＝＝0 等价的表达式是_____。

59.这个表达式 2!　＝5 or 0 的值为_____。

60.这个表达式 1 and True 的值为_____。

三、判断题

1.在对变量进行命名时需要遵循一些规则,因为可以提高代码的可读性,但违反这些规则并不会引发错误,程序仍然可以运行。　　　　　　　　　　　　　　　（　　）

2.变量名只能包括字母、数字和下划线,且第一个字符必须是字母。　　　（　　）

3.Python 的变量名区分大小写,如 myfriend 和 myFriend 是两个不同的变量。（　　）

4.Str、str_1、importmath、For、elsif 都是合法的变量名。　　　　　　（　　）

5.在 Python 中,使用频率极低的关键字可以作为变量名。　　　　　　（　　）

6.Python 不允许使用关键字作为变量名,允许使用内置函数名作为变量名,但这会改变函数名的含义。　　　　　　　　　　　　　　　　　　　　　　（　　）

7.在 Python 3.x 中可以使用中文作为变量名。　　　　　　　　　　　（　　）

8.在为变量赋值后,虽然可以赋不同的值,但不能改变变量的类型。　　（　　）

9.变量使用前必须先赋值,因为变量只有在赋值后才会被创建。　　　　（　　）

10.Python 2 中有两类整数类型 int 和 long,但在 Python 3 中,只有一种整数类型 int,且不限制大小。　　　　　　　　　　　　　　　　　　　　　　　　（　　）

11.chr( )函数可以将数字数据类型转换为字符。　　　　　　　　　　（　　）

12.hex( )函数可以将一个十进制整数转换为十六进制整数。　　　　　（　　）

13.int 整型只包括十进制整数,包括负整数。　　　　　　　　　　　（　　）

14.已知 x＝3,那么赋值语句 x＝'abcedfg'是无法正常执行的。　　　（　　）

15.已知 a＝0o154,则 print(a)的返回结果为 154。　　　　　　　　（　　）

16.0o12f 是合法的八进制数字。　　　　　　　　　　　　　　　　（　　）

17.在 Python 中 0xad 是合法的十六进制数字表示形式。　　　　　　（　　）

18.对于 a＝3+4j 和 a＝complex(3,4) 两条赋值语句,分别执行输出 a 的操作,输出结果都是相同的。　　　　　　　　　　　　　　　　　　　　　　　（　　）

19.0.0023 的值和 1.3e-3 相等,且它们都是浮点型。 （　　）

20.布尔类型是一种比较特殊的数据类型,其值包括 Ture 和 False。 （　　）

21.使用两次 input( )函数分别输入 2 和 3 并存放到变量 a,b 中,那么执行 c=a+b 语句,输出 c 的结果为 5。 （　　）

22.print("' 你好,Python'")的输出结果是'你好,Python'。 （　　）

23.print(3<6 and 3+5)的输出结果为 Ture。 （　　）

24.print(4/2)和 print(4//2)的输出结果相同。 （　　）

25.9999∗∗9999 这样的命令在 Python 中无法运行。 （　　）

26.赋值运算符的优先级高于成员运算符。 （　　）

27.关系运算符两侧的值既可以是数值,也可以是字符串等类型。 （　　）

28.如果只需要 math 模块中的 sin( )函数,建议使用 from math import sin 来导入,而不要使用 import math 导入整个模块。 （　　）

29.尽管可以使用 import 语句一次导入任意多个标准库或扩展库,但是仍建议每次只导入一个标准库或扩展库。 （　　）

30.一个数字 5 也是合法的 Python 表达式。 （　　）

31.在 Python 3.x 中,使用内置函数 input( )接收用户输入时,不论用户输入的什么格式,一律按字符串进行返回。 （　　）

32.若需判断 x,y 两变量的值是否相等,则正确的表达式为 x=y。 （　　）

33.向变量赋值时,不需要声明变量类型。 （　　）

34.在参与逻辑运算时,将所有非 0 的数值都看作逻辑"真"。 （　　）

35.位运算符中,^的作用是取反。 （　　）

36.表达式 10&23 的返回值是 2。 （　　）

37.已知 a=6,b=1,c=4,则表达式 a>b and c>a or a<b and c>b 的值是 False。 （　　）

38.表达式 pow(3,2) == 3∗∗2 的值为 True。 （　　）

习题 3 程序流程控制

一、选择题

1.下面哪个不是常用的程序结构？（　　　）

A.顺序结构　　　　　B.选择结构　　　　　C.循环结构　　　　　D.拓扑结构

2.流程图中表示判断框的是（　　　）。

A.矩形框　　　　　B.菱形框　　　　　C.平行四边形框　　　　　D.椭圆形框

3.以下关于 Python 语句的叙述中，正确的是（　　　）。

A.同一层次的 Python 语句必须对齐

B.Python 语句可以从一行的任意一列开始

C.在执行 Python 语句时，可发现注释中的拼写错误

D.Python 程序的每行只能写一条语句

4.以下不合法的表达式是（　　　）。

A.x in［1,2,3,4,5］　　　　　　　　　B.x−6>5

C.e>5 and 4==f　　　　　　　　　D.3=a

5.在 Python 中，下列语句非法的是（　　　）。

A.x=y=z=1　　　B.x,y=y,x　　　C.x=(y=z+1)　　　D.x+=y

6.已知 x=2，语句 x*=x+1 执行后，x 的值是（　　　）。

A.2　　　　　　　B.3　　　　　　　C.5　　　　　　　D.6

7.在 Python 中，正确的赋值语句为（　　　）。

A.x+y=10　　　B.x=3y　　　C.x=y=10　　　D.2y=x+1

8.为了给整型变量 x,y,z 赋初值 7，下面正确的 Python 赋值语句是（　　　）。

A.xyz=7　　　B.x=7 y=7 z=7　　　C.x=y=z=7　　　D.x=7,y=7,z=7

9.语句 x=input( )执行时，如果从键盘输入 12 并按回车键，则 x 的值是（　　　）。

A.12　　　　　B.12.0　　　　　C.1e2　　　　　D.′12′

10.下列程序的运行结果是（　　　）。

x=y=10

x,y,z=6,x+1,x+2

print(x,y,z)

A.10 10 6　　　B.6 10 10　　　C.6 7 8　　　D.6 11 12

11.能正确表示"当 x 的取值在［1,10］或［200,300］范围内为真，否则为假"的表达式是（　　　）。

A.(x>=1) and (x<=10) and (x>==200) and (x<=300)

B.（x>=1）or（x<=10）or（x>= =200）or（x<=300）

C.（x>=1）and（x<=10）or（x>=200）and（x<=300）

D.（x>=1）or（x<=10）and（x>=200）or（x<=300）

12.将数学式 2<x≤10 表示成正确的 Python 表达式为（   ）。

A.2<x<=10   B.2<x and x<=10   C.2<x && x<=10   D.x>2 or x <=10

13.与关系表达式 x= =0 等价的表达式是（   ）。

A.x=0   B.not x   C.x   D.x! =1

14.下列表达式的值为 True 的是（   ）。

A.2! =5 or 0   B.3>2>2   C.5+4j>2-3j   D.1 and 5= =0

15.下面 if 语句统计"成绩>=90 的男生"的人数,正确的语句为（   ）。

A.if g= ="男" and cj<60:n+ =1   B.if g= ="男" and cj <=60:n+ =1

C.if g= ="男" and cj >=90:n+ =1   D.if g= ="女" or   cj k>=90:n+ =1

16.以下 if 语句语法正确的是（   ）。

A.   B.

if a>0:x=20   if a>0:x=20

else:x=200   else:

                           x=200

C.   D.

if a>0:   if a>0:

  x=20   x=20

else:x=200   else:

                           x=200

17.在 Python 中,实现多分支选择结构的较好方法是（   ）。

A.if   B.if-else   C.if-elif-else   D.if 嵌套

18.下列语句执行后的输出结果是（   ）。

if 2:

    print（5）

else:

    print（6）

A.0   B.2   C.5   D.6

19.下列 Python 程序的运行结果是（   ）。

x=0

y=1

print（x>y and 'A'<'B'）

A.True   B.False   C.true   D.false

20.关于 while 循环和 for 循环的区别,下列叙述正确的是（   ）。

A.while 语句的循环体至少无条件执行一次,for 语句的循环体有可能一次都不执行

B.while 语句只能用于循环次数未知的循环,for 语句只能用于循环次数已知的循环

C.在很多情况下,while 语句和 for 语句可以等价使用

D.while 语句只能用于可迭代变量,for 语句可以用任意表达式表示条件

21.有如下程序:

k = 10

while k：

　　k = k - 1

　　print(k)

则下面描述中正确的是(　　　)。

A.while 循环执行 10 次　　　　　　　　B.循环是无限循环

C.循环体语句一次也不执行　　　　　　D.循环体语句执行一次

22.以下 while 语句中的表达式"not E"等价于(　　　)。

while not E：

　　pass

A.E = = 0　　　　　B.E! = 1　　　　　C.E! = 0　　　　　D.E = = 1

23.有如下程序:

n = 0

p = 0

while p! = 100 and n<3：

　　p = int(input( ))

　　n+ = 1

while 循环结束的条件是(　　　)。

A.p 的值不等于 100 并且 n 的值小于 3　　B.p 的值等于 100 并且 n 的值大于等于 3

C.p 的值不等于 100 或者 n 的值小于 3　　D.p 的值等于 100 或者 n 的值大于等于 3

24.以下 for 语句中,不能完成 1~10 累加功能的是(　　　)。

A.for i in range(10,0):sum+=i

B.for i in range(1,11):sum+=i

C.for i in range(10,-1):sum+=i

D.for i in (10,9,8,7,6,5,4,3,2,1):sum+=i

25.下面 Python 循环体执行的次数与其他不同的是(　　　)。

A.i = 0　　　　　　　　　　　　　　B.i = 10

　　while i< = 10：　　　　　　　　　　while i>0：

　　　　print(i)　　　　　　　　　　　　print(i)

　　　　i+ = 1　　　　　　　　　　　　　i- = 1

C.for i in range(10)：　　　　　　　D.for i in range(10,0,-1)：

　　print(i)　　　　　　　　　　　　print(i)

26.下列 for 循环执行后,输出结果的最后一行是(　　)。

```
for i in range(1,3):
    for j in range(2,5):
        print(i * j)
```

A.2　　　　　　　　B.6　　　　　　　　C.8　　　　　　　　D.15

27.关于下列 for 循环,叙述正确的是(　　)。

```
for t in range(1,11):
    x = int(input())
if x<0:
continue
    print(x)
```

A.当 x<0 时整个循环结束　　　　　　B.x>=0 时什么也不输出

C.print() 函数永远也不执行　　　　　　D.最多允许输出 10 个非负整数

28.下列说法中,正确的是(　　)。

A.break 用在 for 语句中,而 continue 用在 while 语句中

B.break 用在 while 语句中,而 continue 用在 for 语句中

C.continue 能结束循环,而 break 只能结束本次循环

D.break 能结束循环,而 continue 只能结束本次循环

29.下面 Python 语句执行后,输出结果为(　　)。

```
num = 19
if num % 3 == 1:
  print(num)
```

A.19　　　　　　　　B.1　　　　　　　　C.6　　　　　　　　D.什么也不显示

30.下面 Python 语句执行后,输出结果为(　　)。

```
num = 88
if num % 3 == 2:
    print("符合条件")
else:
    print("不符合条件")
```

A.符合条件　　　　　B.不符合条件　　　　C.88　　　　　　　　D.什么也不显示

31.下面 Python 语句执行后,输出结果为(　　)。

```
age = 90
if age <= 18:
    print("学习！")
elif age <= 50:
    print("奋斗！")
elif age <= 70:
```

```
        print("加油！")
else：
        print("最美夕阳红！")
```
A.学习！   B.奋斗！   C.加油！   D.最美夕阳红！

32.下面 Python 语句
```
x = True
y = 2
while x：
    y += 1
    if y % 10 == 1：
        print("这个数是",y)
        x = False
```
执行后,输出结果为(   )。
A.这个数是 1   B.这个数是 11   C.这个数是 2   D.这个数是 3

33.下面 Python 语句
```
for x in range(10)：
    if x % 10 == 9：
        print("这个数是",x)
```
执行后,输出结果为(   )。
A.这个数是 0   B.这个数是 5   C.这个数是 10   D.这个数是 9

34.下面 Python 语句
```
for x in range(5)：
    if x % 2 == 1：
        print(str(x),end = '')
        break
```
执行后,输出结果为(   )。
A.1   B.3   C.5   D.1 3 5

35.下面 Python 语句执行后,输出结果为(   )。
```
sum = 0
for x in range(1,11)：
    if x % 2 == 1：
        continue
    sum += x
print(sum)
```
A.1   B.4   C.25   D.30

36.哪个选项是实现双分支的最佳控制结构？(   )
A.if   B.if-elif-else   C.try   D.if-else

37.哪个选项能够实现 Python 循环结构？（　　　　）

A.loop　　　　　　　　B.while　　　　　　　　C.if　　　　　　　　D.do…for

38.（　　　）语句执行后,本次循环将不再进行,立刻进行下次循环。

A.break　　　　　　　　B.continue　　　　　　　　C.if　　　　　　　　D.do…for

二、填空题

1.对于 if 语句中的语句块,应将它们_____。

2.当 x＝0,y＝50 时,语句 z＝x if x else y 执行后,z 的值是_____。

3.下列 Python 语句的运行结果为_____。

x＝False

y＝True

z＝False

if x or y and z:print("yes")

else:print("no")

4.下列 Python 语句的运行结果为_____。

x＝True

y＝False

z＝True

if not x or y:print(1)

elif not x or not y and z:print(2)

elif not x or y or not y and x:print(3)

else:print(4)

5.执行下列程序后的输出结果是_____,其中 while 循环执行了_____次。

i＝-1

while i<0:

　　　i＊＝i

print(i)

6.以下 while 循环的循环次数是_____。

i＝0

while i<10:

　　　if i<1:continue

　　　if i＝＝5:break

　　　i＋＝1

7.执行下列程序后,k 的值是_____。

k＝1

n＝263

while n:

```
        k * =n%10
        n∥=10
```

8.执行循环语句 for i in range(1,5,2):print(i),循环体执行的次数是_____。

9.循环语句 for i in range(-3,21,4)的循环次数为_____。

10.要使语句 for i in rang(_____,-4,-2)循环执行 15 次,则循环变量 i 的初值应当为_____。

11.执行循环语句 for i in range(1,5):pass 后,变量 i 的值是_____。

12.一个循环结构的循环体又包括一个循环结构,称为_____或_____结构。

13.下列程序的输出结果是_____。

```
s=10
for i in range(1,6):
    while True:
        if i%2==1:
            break
        else:
            s-=1
            break
print(s)
```

14.从键盘输入数字 5,以下代码段的输出结果是_____。

```
n=int(input("请输入一个整数"))
S=0
if  n>5:
    n-=1
    S=4
if  n<5:
    n-=1
S=3
print(S)
```

15.以下代码段的输出结果是_____。

```
for i in range(3):
    print(2,end=", ")
```

16.以下代码段的输出结果是_____。

```
i=s=0
while i<=10:
    s+=i
    i+=1
print(s)
```

17.以下代码段的输出结果是＿＿＿＿＿＿＿＿＿。

```
i = s = 0
while i <= 10:
    s += i
    i += 2
print(s)
```

18.在下面的代码段中,while 循环执行的次数为＿＿＿＿＿＿。

```
k = 1000
while k > 1:
    print(k)
    k = k/2
```

19.在下面的代码段中,while 循环执行的次数为＿＿＿＿＿＿。

```
k = 1000
while k > 1:
    print(k)
    k = k//2
```

20.以下代码段的输出结果是＿＿＿＿＿＿＿＿＿。

```
sum = 0
for i in range(1,10):
    if i%7 == 0:
        break
    else:
        sum += i
print(sum)
```

21.以下代码段的输出结果是＿＿＿＿＿＿＿＿＿。

```
sum = 0
for i in range(1,10):
    if i%3 == 0:
        break
    else:
        sum += i
print(sum)
```

22.以下代码段的输出结果是＿＿＿＿＿＿＿＿＿。

```
sum = 0
for i in range(1,10):
    if i%3 == 0 and i%2 == 0:
        break
```

```
    else：
        sum+=i
print(sum)
```

23.以下代码段的输出结果是_____。

```
sum=0
for i in range(1,10)：
    if   i%5==0 or i%6==0：
        break
    else：
        sum+=i
print(sum)
```

24.以下代码输出结果是_____。

```
for i in range(1,6)：
    if i%4 == 0：
        continue
    else：
        print(i,end=",")
```

三、判断题

1.如果仅仅是用于控制循环次数,那么使用 for i in range(20)和 for i in range(20,40)的作用是等价的。　　　　　　　　　　　　　　　　　　　　　(　　)

2.在循环中,continue 语句的作用是跳出当前循环。　　　　　　　(　　)

3.在编写多层循环时,为了提高运行效率,应尽量减少内循环中不必要的计算。
　　　　　　　　　　　　　　　　　　　　　　　　　　　　　　　(　　)

4.带有 else 子句的循环如果因为执行了 break 语句而退出的话,则会执行 else 子句中的代码。　　　　　　　　　　　　　　　　　　　　　　　　　　(　　)

5.对于带有 else 子句的循环语句,如果是因为循环条件表达式不成立而自然结束循环,则执行 else 子句中的代码。　　　　　　　　　　　　　　　　　(　　)

6.在条件表达式中不允许使用运算符"=",会提示语法错误。　　　(　　)

7.在选择结构语句中,不是所有代码都按照顺序执行。　　　　　　(　　)

8.在 if-else 语句中,if 和 else 后面都可以写上想要进行判断的条件。(　　)

9.在 if-else 语句中,执行语句块的结束由缩进来判断。　　　　　(　　)

10.if-else 语句为双选择结构。　　　　　　　　　　　　　　　　(　　)

11.内嵌 if 可以是简单的 if 语句,也可以是 if-else 语句,但不可以是 if-elif-else 语句。
　　　　　　　　　　　　　　　　　　　　　　　　　　　　　　　(　　)

12.while 循环语句是先执行、后判断。　　　　　　　　　　　　　(　　)

13.使用 for i in range(1,10)语句,则循环次数为 10 次。　　　　(　　)

14.Python 中,常见的流程为顺序结构、选择结构、循环结构和输入输出结构。(　　)

15.“if <表达式>:”语句中的表达式可以是任意的数值、字符、关系或逻辑表达式,或用其他数据类型表示的表达式。　　　　　　　　　　　　　　　　　　　　(　　)

16.在很多情况下,while 语句和 for 语句可以等价使用。　　　　　　　　(　　)

17.while 循环的循环体中,应有使循环趋于结束的语句,否则形成死循环。　(　　)

18.Python 中,顺序语句仅有 break 和 continue。　　　　　　　　　　　　(　　)

19.使用 for n in range(1,5,5)语句,则 n 的输出值为 1。　　　　　　　　　(　　)

习题 4 Python 的组合数据结构

选择题

1.访问字符串中的部分字符的操作称为(　　　)。

A.分片　　　　　　　B.合并　　　　　　　C.索引　　　　　　　D.赋值

2.在 python 语言中,定义字符串不会用(　　　)。

A.单引号　　　　　　B.双引号　　　　　　C.三引号　　　　　　D.#

3.在 python 语言中,通常用(　　　)语句输出需要显示的内容。

A.print　　　　　　B.input　　　　　　C.break　　　　　　D.continue

4.在 python 语言中,通常用(　　　)语句输入内容。

A.print　　　　　　B.input　　　　　　C.break　　　　　　D.continue

5.以下正确的字符串是(　　　)。

A.ʹabcʹʹ　　　　　　B.ʹabcʹ　　　　　　C.ʹʹabcʹ　　　　　　D.abcʹ

6.下列表达式的结果为 False 的是(　　　)。

A.ʹabcdʹ<ʹadʹ　　　B.ʹabcʹ<ʹabcdʹ　　　C.ʹʹ<ʹaʹ　　　　　D.ʹHelloʹ>ʹhelloʹ

7.下列数据中,不属于字符串的是(　　　)。

A.ʹabcdʹ　　　　　　B.ʺhelloʺ　　　　　C.ʺhu56ʺ　　　　　D.abc

8.使用(　　　)符号对浮点类型的数据进行格式化。

A.%c　　　　　　　B.%f　　　　　　　C.%d　　　　　　　D.%s

9.下列数据类型中,不支持分片操作的是(　　　)。

A.字符串　　　　　　B.列表　　　　　　C.字典　　　　　　D.元组

10.下列方法中,能够返回某个子串在字符串中出现次数的是(　　　)。

A.len(　)　　　　　　B.count(　)　　　　　C.find(　)　　　　　D.split(　)

11.下列关于字符串的描述错误的是(　　　)。

A.字符串 s 的首字符是 s[0]

B.在字符串中,同一个字母的大小是等价的

C.字符串中的字符都是以某种二进制编码的方式进行存储和处理的

D.字符串也能进行关系比较操作

12.执行下列语句后的显示结果是(　　　)。

world=ʺworldʺ

print(ʺhelloʺ+world)

A.helloworld　　　　B.ʺhelloʺworld　　　C.hello world　　　D.ʺhelloʺ+world

13.下列表达式中,有 3 个表达式的值相同,另一个不相同,与其他 3 个表达式不同的是(　　)。

A."ABC "+"DEF "　　　　　　　　　　　B.''.join(("ABC ","DEF "))

C."ABC "-"DEF "　　　　　　　　　　　D.'ABCDEF' * 1

14.设 s="Python Programming ",那么 print(s[-5:])的结果是(　　)。

A.mming　　　　　　B.Python　　　　　　C.mmin　　　　　　D.Pytho

15.设 s="Happy New Year",则 s[3:8]的值为(　　)。

A.'ppy Ne'　　　　　B.'py Ne'　　　　　C.'ppy N'　　　　　D.'py New'

16.将字符串中全部字母转换为大写字母的字符串方法是(　　)。

A.lower　　　　　　B.copy　　　　　　C.uppercase　　　　　D.upper

17.下列表达式中,能用于判断字符串 s1 是否属于字符串 s(即 s1 是否 s 的子串)的是(　　)。

①s1 in s;②s.find(s1)>0;③s.index(s1)>0;④s.rfind(s1);⑤s.rindex(s1)>0

A.①　　　　　　　B.①②　　　　　　C.①②③　　　　　　D.①②③④⑤

18.Python 语言不支持的字符串格式化方法是(　　)。

A.格式化操作符"%"　　　　　　　　　B.format() 函数

C.格式化操作符"#"　　　　　　　　　　D.格式化操作符"%"与 format() 函数混用

19.格式字符%s 的功能是(　　)。

A.格式化字符串　　B.格式化单个字符　　C.格式化浮点数　　D.格式化十进制数

20.格式字符%c 的功能是(　　)。

A.格式化字符串　　B.格式化单个字符　　C.格式化浮点数　　D.格式化十进制数

21.格式字符%d 的功能是(　　)。

A.格式化字符串　　B.格式化单个字符　　C.格式化浮点数　　D.格式化十进制数

22.语句 print('x={:8.2f}'.format(123.5678))执行后的输出结果是(　　)。选项中的□代表空格。

A.x=□□□123.56　　B.x=□□123.57　　C.□□123.57　　D.x=□□123.56

23.print('{:7.2f}{:2d}'.format(101/7,101%8))的运行结果是(　　)。

A.{:7.2f}{:2d}　　　　　　　　　　　B.□□14.43□5(□代表空格)

C.□14.43□□5(□代表空格)　　　　　　D.□□101/7□101%8(□代表空格)

24.Python 语句 s = "{2}{0}{1}".format("美","丽","好") 执行后,变量 s 的值为(　　)。

A."美好丽"　　　　　B."好美丽"　　　　　C."美丽好"　　　　　D."好丽美"

25.Python 语句 n = "{:.1f}".format(53.1345) 执行后,变量 n 的值为(　　)。

A."53.1"　　　　　　B."53.13"　　　　　C."53.134"　　　　　D."53.1345"

26.Python 语句 print("数量{1},单价{0}".format(26.4,34.5))输出结果正确的是(　　)。

A.数量 34.5,单价 26,4　　　　　　　　B.数量,单价 26.4

C.数量 34,单价 26　　　　　　　　　　D.数量 26,单价 34.5

27.Python 语句 b="美"、print("%c "%(b))依次执行后,输出结果为(　　)。

A.美　　　　　　B.很美　　　　　　C.无输出内容　　　　D.语句报错

28.Python 语句 d=10.2、print("%.2f "%(d))依次执行后,输出结果为(　　)。

A.10.2　　　　　B.10.20　　　　　C.10　　　　　　D.11

29.''ab''+ ''c'' * 2 运算后的正确结果是(　　)。

A.abcc　　　　　B.abc　　　　　C.abc2　　　　　D.ab2

30.'张'+ '\0\0\0'+ '三'运算后的正确结果是(　　)。

A.张三　　　　B.张@@@三　　C.张　　三　　D.张_____三

31.Python 语句 s='天网恢恢'、a='网'、print(a in s)依次执行后,输出结果为(　　　)。

A.天网恢恢　　B.之　　　　　C.True　　　　　D.False

32.Python 语句 s1 = '天网恢恢'、print(s1[:2])依次执行后,输出结果为(　　　)。

A.天网　　　　　B.网恢　　　　　C.网恢恢　　　　　D.恢恢

33.Python 语句 s1 = '天气真好'、print(s1[1:])依次执行后,输出结果为(　　　)。

A.气真好　　　　B.天气　　　　　C.真好　　　　　D.天气真

34.从代表身份证号码 sf=" 622104199009151201 "中截取出生年份,正确的做法是(　　)。

A.s[6:10]　　　B.s[6:11]　　　C.s[5:9]　　　D.s[5:10]

35.Python 语句 n = len("武汉加油! ")执行后,变量 n 的值为(　　)。

A.1　　　　　　B.3　　　　　　C.4　　　　　　D.5

36.Python 语句 s1 = 'abcde'.print(max(s1))依次执行后,输出结果为(　　)。

A.a　　　　　　B.c　　　　　　C.d　　　　　　D.e

37.Python 语句 s2 = '12345'、print(min(s2))依次执行后,输出结果为(　　)。

A.1　　　　　　B.2　　　　　　C.3　　　　　　D.5

38.Python 语句 x = 'i am'.print(x.upper())依次执行后,输出结果为(　　)。

A.i AM　　　　　B.I AM　　　　　C.i am　　　　　D.I am

39.Python 语句 y = 'COM ON'.print(y.lower())依次执行后,输出结果为(　　)。

A.com ON　　　B.COM on　　　C.com on　　　　D.COM ON

40.Python 语句 z = 'like her'.print(z.title())依次执行后,输出结果为(　　)。

A.Like Her　　　B.LIKE HER　　C.like her　　　　D.Like HER

41.Python 语句 s1 = " this is example ".n=s1.find(" i ")依次执行后,n 的值为(　　)。

A.0　　　　　　B.2　　　　　　C.1　　　　　　D.-1

42.Python 语句 s1 = "李白 张三 王五".split("")执行后,变量 s1 的值为(　　)。

A."李白 张三 王五"　　　　　　　　B.['李白', '张三', '王五']

C."李白张三王五"　　　　　　　　D."张三"

43.Python 语句 s1 = ','.join(['水星','木星','火星'])执行后,变量 s1 的值为(　　)。

A."水星木星火星"　　　　　　　　B.['水星','木星','火星']

C."水星 木星 火星"   D."水星,木星,火星"

44.下面对 count( ),title( ),strip( ),lower( )函数描述错误的是(   )。

A.count( )函数用于统计字符串里某个字符出现的次数

B.title( )函数用于将字符串中的每个英文单词首字母设置为大写

C.strip( )函数用于将字符串右边的空格去除

D.lower( )函数用于将字符串中的每个英文单词设置为小写

45.下列关于字符串的定义中,不合法的是(   )。

A.'python'   B.[python]   C."py'th'on"   D.'py " th " on'

46.Python 语句 s1 = "@ abc@".s1 = s1.strip('@ ')依次执行后,s1 的值为(   )。

A.abc   B.@ abc   C.abc@   D.@ abc@

47.对于定义字符串,Python 中可使用的方法很多,下面正确的定义是(   )。

A." what's this? "   B.'what's this? '

C.'what\\'s this? '   D.""Oh! " It sounds terrible "

48.Python 语句 print('a'.rjust(10, "$")执行后,输出结果为(   )。

A.a$$$$$$$$$ B.$$$$$$$$$ a

C.aaaaaaaaaa   D.   a $(前面有 9 个空格)

49.Python 语句 str=" helloword ".print(max(str))依次执行后,输出结果为(   )。

A.h   B.o   C.运行异常   D.w

50.Python 语句 s1 = " i am ".s1 = s1.replace(" i "," I ")依次执行后,变量 s1 的值为(   )。

A.I am   B.i am   C.I AM   D.i Am

51.字符串 s = 'a\nb\tc',则 len(s)的值是(   )。

A.7   B.6   C.5   D.4

52.Python 语句 print(r"\nGood ")的运行结果是(   )。

A.新行和字符串 Good   B.r"\nGood "

C.\nGood   D.字符 r.新行和字符串 Good

53.语句 eval('2+4/5')执行后的输出结果是(   )。

A.2.8   B.2   C.2+4/   D.'2+4/5'

54.访问字符串中部分字符的操作称为(   )。

A.分片   B.合并   C.索引   D.赋值

55.下列关于字符串的描述中,错误的是(   )。

A.字符串 s 的首字符是 s[0]

B.在字符串中,同一个字母的大小写是等价的

C.字符串中的字符都是以某种二进制编码的方式进行存储和处理的

D.字符串也能进行关系比较操作

56.执行下列语句后的显示结果是(   )。

world =" world "

print("hello "+world)

　　A.helloworld　　　　　B."hello "world　　　　C.hello world　　　　　D."hello "+world

57.下列表达式中,有 3 个表达式的值相同,另一个不相同,不同的是(　　　)。

　　A."ABC "+"DEF "　　　　　　　　　　　B.''.join(("ABC ","DEF "))

　　C."ABC "-"DEF "　　　　　　　　　　　D.'ABCDEF' * 1

58.设 s="Python Programming",那么 print(s[-5:])的结果是(　　　)。

　　A.mming　　　　　　　B.Python　　　　　　C.mmi　　　　　　　D.Pytho

59.设 s="Happy New Year",则 s[3:8]的值为(　　　)。

　　A.'ppy Ne'　　　　　　B.'py Ne'　　　　　　C.'ppy N'　　　　　　D.'py New'

60.将字符串中全部字母转换为大写字母的字符串的方法是(　　　)。

　　A.swapcase　　　　　　B.capitalize　　　　　C.uppercase　　　　　D.upper

61.下列表达式中,能用于判断字符串 s1 是否属于字符串 s 的是(　　　)。

①s1 in s;②s.find(s1)>0;③s.index(s1)>0;④s.rfind(s1);⑤s.rindex(s1)>0

　　A.①　　　　　　　　　B.①②　　　　　　　C.①②③　　　　　　D.①②③④⑤

62.下列 Python 数据中,其元素可以改变的是(　　　)。

　　A.列表　　　　　　　　B.元组　　　　　　　C.字符串　　　　　　D.数组

63.表达式"[2] in [1,2,3,4]"的值是(　　　)。

　　A.Yes　　　　　　　　B.No　　　　　　　　C.True　　　　　　　D.False

64.max((1,2,3) * 2)的值是(　　　)。

　　A.3　　　　　　　　　B.4　　　　　　　　　C.5　　　　　　　　　D.6

65.下列选项中与 s[0:-1]表示的含义相同的是(　　　)。

　　A.s[-1]　　　　　　　B.s[:]　　　　　　　C.s[:len(s)-1]　　　D.s[0:len(s)]

66.对于列表 L=[1,2,'Python',[1,2,3,4,5]],L[-3]的是(　　　)。

　　A.1　　　　　　　　　B.2　　　　　　　　　C.'Python'　　　　　D.[1,2,3,4,5]

67.L.reverse()和 L[-1:-1-len(L):-1]的主要区别是(　　　)。

　　A.L.reverse()和 L[-1:-1-len(L):-1]都将列表的所有元素反转排列,没有区别

　　B.L.reverse()和 L[-1:-1-len(L):-1]都不会改变列表 L 原来内容

　　C.L.reverse()不会改变列表 L 的内容,而 L[-1:-1-len(L):-1]会改变列表 L 原来
　　　内容

　　D.L.reverse()会改变列表 L 的内容,而 L[-1:-1-len(L):-1]产生一个新列表,不会
　　　改变列表 L 原来内容

68.tuple(range(2,10,2))的返回结果是(　　　)。

　　A.[2, 4, 6, 8]　　　B.[2, 4, 6, 8, 10]　C.(2,4,6,8)　　　　D.(2,4,6,8,10)

69.下列程序执行后,p 的值是(　　　)。

a=[[1,2,3],[4,5,6],[7,8,9]]

p=1

for i in range(len(a)):

$p*=a[i][i]$

A.45   B.15   C.6   D.28

70.下列 Python 程序的运行结果是(　　)。

s=[1,2,3,4]

s.append([5,6])

print(len(s))

A.2   B.4   C.5   D.6

71.下列 Python 程序的运行结果是(　　)。

s1=[4,5,6]

s2=s1

s1[1]=0

print(s2)

A.[4, 5, 6]   B.[4, 0, 6]   C.[0, 5, 6]   D.[4, 5, 0]

72.下列函数中,用于返回元组中元素最小值的是(　　)。

A.len( )   B.min( )   C.max( )   D.tuple( )

73.关于列表的说法,描述错误的是(　　)。

A.list 是不可变的数据类型   B.list 是一个有序序列,没有固定大小

C.list 可以存放任意类型的元素   D.使用 list 时,其下标可以是负数

74.以下程序的输出结果是(　　)。(提示:ord("a")==97)

list_ a=[1,2,3, 4, 'a']

print(list_ a[1],list a[4])

A.14   B.1a   C.2a   D.297

75.执行下面的操作后,list_ b 的值为(　　)。

list a=[1,2,3]

list_ b=list a

list_ a[2]=4

A.[1,2,3]   B.[1,4,3]   C.[1,2,4]   D.都不正确

76.以下程序的运行结果是(　　)。

list_ a=[1,2, 1,3]

nums = sorted(ist _a)

for i in nums:

print(i,end="")

A.1123   B.123   C.3211   D.none

77.以下函数中,删除列表中最后一个元素的函数是(　　)。

A.del( )   B.remove( )   C.cut( )   D.pop( )

78.以下说法错误的是( )。

A.通过下标索引可以修改和访问元组的元素

B.元组的索引是从 0 开始的

C.通过 insert 方法可以在列表指定位置插入元素

D.使用下标索引能够修改列表的元素

79.下面 Python 语句

sg = ["海洋","冰河","月光","星辰"]

print(sg[1:3])

执行后,输出结果为(　　)。

A.["海洋","冰河"]　　B.["冰河","月光"]　　C.["月光","星辰"]　　D.["海洋","星辰"]

80.Python 中,当修改元组某一个元素值时,会出现(　　)。

A.程序报错　　　　　　　　　　B.修改元组元素成功

C.删除元组　　　　　　　　　　D.新建元组

81.列表 ['梅花','菊花','喇叭花','玫瑰花'] 中,元素"喇叭花"对应的索引是(　　)。

A.0　　　　　　　　B.1　　　　　　　　C.2　　　　　　　　D.3

82.列表 ['梅花','菊花','喇叭花','玫瑰花'] 中,索引为-1 的元素是(　　)。

A.梅花　　　　　　　B.菊花　　　　　　C.喇叭花　　　　　　D.玫瑰花

83.列表 ['张三','李四','王五','周六'] 中,索引为 2 的元素是(　　)。

A.张三　　　　　　　B.李四　　　　　　C.王五　　　　　　D.周六

84.Python 语句 x=list(range(1,4,2))执行后,变量 x 的值为(　　)。

A.[1, 2, 3]　　　　B.[1, 2, 3, 4]　　　C.[2, 4]　　　　D.[1, 3]

85.Python 语句 y=list(range(1,4))执行后,变量 y 的值为(　　)。

A.[1, 2, 3]　　　　B.[1, 2, 3, 4]　　　C.[2, 3, 4]　　　D.[1, 2]

86.下面 Python 语句执行后,输出结果为(　　)。

x = ["青青","朝露","阳春","光辉"]

print(x[1])

A.青青　　　　　　　B.朝露　　　　　　C.阳春　　　　　　D.光辉

87.下面 Python 语句执行后,输出结果为(　　)。

x = ["张三","周六","王五","李四"]

print(x[-1])

A.张三　　　　　　　B.周六　　　　　　C.王五　　　　　　D.李四

88.下面 Python 语句执行后,变量 x 的值为(　　)。

x = ["张三","王五","李四"]

del x[1]

A.["张三","王五","李四"]　　　　　　B.["张三","李四"]

C.["王五","李四"]　　　　　　　　　D.["张三","王五"]

89.下面 Python 语句执行后,变量 y 的值为(　　)。

y = ["牡丹","月季","兰花"]

y[2] = "花菜"

A.["牡丹","月季","花菜"]　　　　　　　　　B.["花菜","月季","兰花"]

C.["牡丹","花菜","兰花"]　　　　　　　　　D.["牡丹","月季","兰花"]

90.Python 语句 x=["青春","朝阳","夜幕","星辰"];print(x[0:2])依次执行后输出结果为（　　　）。

A.["青春","朝阳"]　　B.["夜幕","星辰"]　　C.["朝阳","夜幕"]　　D.["青春","星辰"]

91.下面 Python 语句

list1 = ["面朝大海","春暖花开","千里之行","始于足下"]

for x in list1:

　　print(x,end="")

执行后,输出结果为（　　　）。

A.面朝大海　　　　　　　　　　　　B.春暖花开

C.千里之行　　　　　　　　　　　　　　D.面朝大海 春暖花开 千里之行 始于足下

92.下面 Python 语句执行后,输出结果为（　　　）。

list1 = ["面朝大海","春暖花开","千里之行","始于足下"]

for n,value in enumerate(list1):

　　if n % 3 == 1:

　　　　print(value)

A.面朝大海　　　　B.春暖花开　　　　C.千里之行　　　　D.始于足下

93.下面 Python 语句执行后,输出结果为（　　　）。

list1 = [1,2,3]

print(max(list1))

A.1　　　　　　　B.2　　　　　　　C.3　　　　　　　D.4

94.下面 Python 语句执行后,输出结果为（　　　）。

list2 = [4,5,6]

print(min(list2))

A.4　　　　　　　B.5　　　　　　　C.6　　　　　　　D.7

95.下面 Python 语句执行后,输出结果为（　　　）。

list3 = ["黄","红","蓝"]

print(len(list3))

A.0　　　　　　　B.1　　　　　　　C.2　　　　　　　D.3

96.下面 Python 语句执行后,输出结果为（　　　）。

x = ["a","b"]

x.append("c")

print(x)

A.["a","b","c"]　　B.["a","b"]　　　C.["a"]　　　　　D.["a","c"]

97.下面 Python 语句执行后,输出结果为（　　　）。

y = [10,20,30]

y.pop( )

print(y)

A.[10, 20, 30]　　　　B.[10, 20]　　　　C.[10, 30]　　　　D.[20, 30]

98.下面 Python 语句执行后,输出结果为(　　　)。

list1 = list(range(1,21))

print(max(list1))

A.1　　　　　　　B.20　　　　　　　C.21　　　　　　　D.0

99.Python 中,函数 sort( )的功能是(　　　)。

A.列表升序排序　　　B.列表降序排序　　　C.列表假排序　　　D.列表求和

100.下面 Python 语句执行后,输出结果为(　　　)。

z = [1,2]

print(z.insert(0,3))

A.[1,2]　　　　　　B.[1,2,3]　　　　　C.[3,1,2]　　　　　D.[2,3]

101.Python 中,将列表转换为元组的函数是(　　　)。

A.set( )　　　　　B.tuple( )　　　　　C.list( )　　　　　D.sort( )

102.元组是 Python 中的(　　　)序列。

A.升序　　　　　　B.降序　　　　　　C.有序　　　　　　D.无序

103.下列 Python 数据中,其元素可以改变的是(　　　)。

A.列表　　　　　　B.元组　　　　　　C.字符串　　　　　D.数组

104.表达式"[2] in [1,2,3,4]"的值是(　　　)。

A.Yes　　　　　　B.No　　　　　　　C.True　　　　　　D.False

105.max(1,2,3)的值是(　　　)。

A.3　　　　　　　B.4　　　　　　　C.5　　　　　　　D.6

106.下列选项中与 s[0:-1]表示的含义相同的是(　　　)。

A.s[-1]　　　　　B.s[:]　　　　　C.s[:len(s)-1]　　　D.s[0:len(s)]

107.对于列表 L=[1,2,'Python',[1,2,3,4,5]],L[-3]的是(　　　)。

A.1　　　　　　　B.2　　　　　　　C.'Python'　　　　D.[1,2,3,4,5]

108.tuple(range(2,10,2))的返回结果是(　　　)。

A.[2, 4, 6, 8]　　　　　　　　B.[2, 4, 6, 8, 10]

C.(2, 4, 6, 8)　　　　　　　　D.(2, 4, 6, 8, 10)

习题5　字典与集合

一、选择题

1.设 a=set([1,2,2,3,3,3,4,4,4,4]),则 a.remove(4)的值是(　　　)。

A.{1，2，3}　　　　　　　　　　　　B.{1，2，2，3，3，3，4，4，4}

C.{1，2，2，3，3，3}　　　　　　　　D.[1，2，2，3，3，3，4，4，4]

2.下列语句执行后的结果是(　　　)。

fruits={'apple':3,'banana':4,'pear':5}

fruits['banana']=7

print(sum(fruits.values()))

A.7　　　　　　　B.19　　　　　　　C.12　　　　　　　D.15

3.下列语句执行后的结果是(　　　)。

d1={1:'food'}

d2={1:'食品',2:'饮料'}

d1.update(d2)

print(d1[1])

A.1　　　　　　　B.2　　　　　　　C.食品　　　　　　　D.饮料

4.下列 Python 程序的运行结果是(　　　)。

s1=set([1,2,2,3,3,3,4])

s2={1,2,5,6,4}

print(s1&s2-s1.intersection(s2))

A.{1，2，4}　　　　　　　　　　　　B.set()

C.[1,2,2,3,3,3,4]　　　　　　　　D.{1,2,5,6,4}

5.字典{'name':'张三'，'age':29，'city':'重庆'}中,键 name 对应的值为(　　　)。

A.age　　　　　　B.张三　　　　　　C.29　　　　　　　D.重庆

6.字典{'num':'2018'，'name':'Liming'，'sex':'male'}中,键 sex 对应的值为(　　　)。

A.None　　　　　　B.2018　　　　　　C.Liming　　　　　　D.male

7.Python 中,函数 dict()的作用是(　　　)。

A.强制转换成列表　　B.强制转换成元组　　C.强制转换成字典　　D.强制转换成集合

8.Python 中,字典中的每个元素是由(　　　)组成的。

A.'键-值'对　　　　　B.键　　　　　　C.值　　　　　　D.键-键对

9.Python 中,关于字典'键-值'对的书写,下列正确的是(　　　)。

A.键:值　　　　　　B.键-值　　　　　　C.键--值　　　　　　D.键+值

10.下面 Python 语句执行后,输出结果为(　　　　)。

my_dict = {'name':'张三', 'city':'重庆'}

my_dict.clear( )

print(my_dict)

A.{'name':'张三', 'city':'重庆'}　　　　B.{'city':'重庆'}

C.{'name':'张三'}　　　　D.{}

11.Python 中,函数 zip(列表1,列表2)的作用是(　　　　)。

A.将列表1和列表2打包成元组　　　　B.将列表1和列表2转换成字典

C.将列表1和列表2合并　　　　D.求列表1和列表2的和

12.Python 字典中,函数 items( )的作用是(　　　　)。

A.获取字典的键值对　　　　B.获取字典的键

C.获取字典的值　　　　D.获取字典的长度

13.Python 字典中,函数 keys( )的作用是(　　　　)。

A.获取字典的键值对　　　　B.获取字典的键

C.获取字典的值　　　　D.获取字典的长度

14.Python 字典中,函数 values( )的作用是(　　　　)。

A.获取字典的键值对　　　　B.获取字典的键

C.获取字典的值　　　　D.获取字典的长度

15.下面 Python 语句执行后,输出结果为(　　　　)。

my_dict = {'张三':'属羊', '李四':'属龙'}

for value in my_dict.values( ):

　　print(value,end="")

A.张三 属羊　　　　B.张三 李四　　　　C.李四 属龙　　　　D.属羊 属龙

16.下面 Python 语句执行后,输出结果为(　　　　)。

my_dict = {'张三':'属羊', '李四':'属龙'}

for k in my_dict.keys( ):

　　print(k,end="")

A.张三 属羊　　　　B.张三 李四　　　　C.李四 属龙　　　　D.属羊 属龙

17.下面 Python 语句执行后,输出结果为(　　　　)。

my_list = {'color':'红'}

my_list['name'] = '吴三'

print(my_list)

A.{'color':'吴三'}　　　　B.{'name':'吴三'}

C.{'color':'红', 'name':'吴三'}　　　　D.{'color':'红'}

18.下面 Python 语句执行后,输出结果为(　　　　)。

my_list = {'color':'红'}

my_list['color'] = '蓝白'

print(my_list)

A.{′color′:′蓝白′}   B.{′name′:′吴三′}

C.{′color′:′蓝白′,′color′:′红′}   D.{′color′:′红′}

19.Python 中,函数 set( )的作用是(   )。

A.强制转换成列表   B.强制转换成元组

C.强制转换成字典   D.强制转换成集合

20.下面 Python 语句执行后,输出结果为(   )。

my_set = set(['一','二','三','二'])

print(my_set)

A.{′一′,′二′,′三′,′二′}   B.{′一′,′三′,′二′}

C.{ ′一′,′三′}   D.{′一′,′二′}

21.Python 中的数据结构可分为可变类型与不可变类型,下面属于不可变类型的
是(   )。

A.字典的值   B.列表   C.字典的键   D.元组

22.为获取两个集合 A 和 B 的并集,正确的方法是(   )。

A.B   B.A+B   C.A|B   D.A^B

23.在 Python 中对两个集合 A 和 B 执行 A&B,得到的结果是(   )。

A.并集   B.交集   C.差集   D.异或集

24.集合中的元素是(   )。

A.可重复的   B.唯一的   C.不可删除的   D.不可修改的

25.下面 Python 语句执行后,输出结果为(   )。

x = set(′rruun′)

print(x)

A.{r,u,n}   B.{r,r,u,u,n}   C.[r,u,n]   D.[r,r,u,u,n]

26.下面 Python 语句执行后,a_set 的值为(   )。

a_set = {1, 2, 3, 4}

a_set.remove(4)

A.{1, 2, 3, 4}   B.{2, 3, 4}   C.{1, 2, 3}   D.{1, 2, 3}

27.下面 Python 语句执行后,a_set 的值为(   )。

a_set = {1, 2, 3, 4}

a_set.clear( )

A.{1, 2, 3, 4}   B.{2, 3, 4}   C.{1, 2, 3}   D.{ }

28.集合中的 add 函数的功能是(   )。

A.删除集合中的元素   B.增加集合中的元素

C.查找集合中的元素   D.清空集合中的元素

29.已知 a_set = {1,2,3,4,5}, b_set = {1,2,6,7,8}, 那么 a_set & b_set 的值为( )。

    A.{1, 2}   B.{2, 3}   C.{4, 5}   D.{ }

30.已知 a_set = {1,2,3,4,5}, b_set = {1,2,6,7,8}, 那么 a_set – b_set 的值为( )。

    A.{1, 2}   B.{2, 3}   C.{3, 4, 5}   D.{ }

31.Python 语句 print(type({1:1,2:2,3:3,4:4})) 的输出结果是( )。

    A.<class 'tuple'>   B.<class 'dict'>   C.<class 'set'>   D.<class 'int'>

32.以下不能创建字典的语句是( )。

    A.dict1 = {}   B.dict2 = {3:5}

    C.dict3 = dict([2,5],[3,4])   D.dict4 = dict(([1,2],[3,4]))

33.对于字典 D = {'A':10,'B':20,'C':30,'D':40}, 对第 4 个字典元素的访问形式是( )。

    A.D[3]   B.D[4]   C.D[D]   D.D['D']

34.对于字典 D = {'A':10,'B':20,'C':30,'D':40}, len(D) 的是( )。

    A.4   B.8   C.10   D.12

35.对于字典 D = {'A':10,'B':20,'C':30,'D':40}, sum(list(D.values())) 的值是( )。

    A.10   B.100   C.40   D.200

36.以下不能创建集合的语句是( )。

    A.s1 = set( )   B.s2 = set("abcd")

    C.s3 = {}   D.s4 = frozenset((3,2,1))

二、填空题

1."4 "+" 5 "的值是_____。

2.字符串 s 中最后一个字符的位置是_____。

3.设 s = 'abcdefg', 则 s[3] 的值是_____, s[3:5] 的值是_____, s[:5] 的值是_____, s[3:] 的值是_____, s[::2] 的值是_____, s[::-1] 的值是_____, s[-2:-5] 的值是_____。

4.'Python Program'.count('P') 的值是_____。

5.'AsDf888'.isalpha() 的值是_____。

6.下面语句的执行结果是_____。

s = 'A'

print(3 * s.split( ))

7.已知 s1 = 'red hat', print(s1.upper()) 的结果是_____, s1.swapcase() 的结果是_____, s1.title() 的结果是_____, s1.replace('hat','cat') 的结果是_____。

8.设 s = 'a,b,c', s2 = ('x','y','z'), s3 = ':', 则 s.split(',') 的值为_____, s.rsplit

（′,′,1）的值为_____，s. partition（′,′）的值为_____，s. rpartition（′,′）的值为_____，s3.join（′abc′）的值为_____，s3.join（s2）的值为_____。

9.re.sub（′hard′,′easy′,′Python is hard to learn.′）的值是_____。

10.下列程序执行后,得到的输出结果是_____。

```
import re
str=" An elite university devoted to computer software "
print( re.findall( r′\b[ aeiouAEIOU ]\w+?  \b′,str) )
```

11.下列 Python 语句的输出结果是_____。

```
print("数量{0},单价{1} ".format(100,285.6))
print( str.format("数量{0},单价{1:3.2f} ",100,285.6))
print("数量%4d,单价%3.3f "%(100,285.6))
```

12.下列 Python 语句的输出结果是_____。

```
print(" 1 ".rjust(20,""))
print( format(" 121 ",">20 "))
print( format(" 12321 ",">20 "))
```

13.下面代码的输出结果是_____。

```
for s in " HelloWord ":
    if s =="W ":
        continue
print( s,end="")
```

14.下面代码的输出结果是_____。

```
for s in " HelloWord ":
    if s =="l ":
        continue
print( s,end="")
```

15.Python 的数据类型指明了数据的状态和行为,包括_____类型,_____类型,_____类型等。

16.数值类型包括_____类型,_____类型,_____类型,_____类型4 种。

17.在 Python 中,用引号引起来的字符集称为_____。

18.序列元素的编号称为_____,它从_____开始,访问序列元素时将它用_____括起来。

19.对于列表 x,x.append（a）等价于_____（用 insert 方法）。

20.设有列表 L=[1,2,3,4,5,6,7,8,9],则 L[2:4]的值是_____,L[::2]的值是_____,L[-1]的值是_____,L[-1:-1-len(L):-1]的值是_____。

21.Python 语句 print(tuple(range(2)),list(range(2)))的运行结果是_____。

22.Python 表达式[i for i in range(5) if i%2! =0]的值为_____,[i**2 for i in range(3)]的值为_____。

23.Python 语句 first, * middles, last = range(6)执行后, middles 的值为_____, sum(middles)/len(middles)的值为_____。

24.已知 fruits = ['apple','banana','pear'], print(fruits[-1][-1])的结果是_____, print(fruits.index('apple'))的结果是_____, print('Apple' in fruits)的结果是_____。

25.下列程序的运行结果是_____。

s1=[1,2,3,4]

s2=[5,6,7]

print(len(s1+s2))

26.下列语句执行后,s 值为_____。

s=[1,2,3,4,5,6]

s[:1]=[]

s[:2]='a'

s[2:]='b'

s[2:3]=['x','y']

del s[:1]

27.下列语句执行后,s 值为_____。

s=['a','b']

s.append([1,2])

s.extend([5,6])

s.insert(10,8)

s.pop()

s.remove('b')

s[3:]=[]

s.reverse()

28.写出下列程序的运行结果。_____。

n=tuple([[1]*5 for i in range(4)])

for i in range(len(n)):

　　for j in range(i,len(n[0])):

　　　　n[i][j]=i+j

　　print(sum(n[i]))

29.在 Python 中,字典和集合都使用_____作为定界符。字典的每个元素由两部分组成,即_____和_____,其中_____不允许重复。

30.集合是一个无序_____的数据集,它包括_____和_____两种类型,前者可以通过大括号或_____函数创建,后者需要通过_____函数创建。

31.下列语句执行后,di['fruit'][1]的值是_____。

di={'fruit':['apple','banana','orange']}

di['fruit'].append('watermelon')

32.语句 print(len({}))的执行结果是_____。

33.设 a=set([1,2,2,3,3,3,4,4,4,4]),则 sum(a)的值是_____。

34.{1,2,3,4} & {3,4,5}的值是_____,{1,2,3,4} | {3,4,5}的值是_____,
{1,2,3,4} − {3,4,5}的值是_____。

35.设有 s1={1,2,3},s2={2,3,5},则 s1.update(s2)执行后,s1 的值为_____,s1.
intersection(s2)的执行结果为_____,s1.difference(s2)的执行结果为_____。

36.下列程序的运行结果是_____。

```
d={1:'x',2:'y',3:'z'}
del d[1]
del d[2]
d[1]='A'
print(len(d))
```

37.下面程序的运行结果是_____。

```
list1={}
list1[1]=1
list1['1']=3
list1[1]+=2
sum=0
for k in list1:
    sum+=list1[k]
print(sum)
```

38.下面程序的运行结果是_____。

```
s=set()
for i in range(1,10):
    s.add(i)
print(len(s))
```

39.下面代码的输出结果是_____。

```
s=["seashell","gold","pink","brown","purple","tomato"]
print(s[1:4:2])
```

40.下面代码的输出结果是_____。

```
s=["seashell","gold","pink","brown","purple","tomato"]
print(s[1:4])
```

41.下面代码的输出结果是_____。

```
d={"大海":"蓝色","天空":"灰色","大地":"黑色"}
print(d["大地"])
```

42.下面代码的输出结果是_____。

d={"大海":"蓝色","天空":"灰色","大地":"黑色"}

print（d["大海"]）

43.下面代码的输出结果是_____。

d={"大海":"蓝色","天空":"灰色","大地":"黑色"}

print（d.get("大海")）

44.下面代码的输出结果是_____。

d={"大海":"蓝色","天空":"灰色","大地":"黑色"}

print（d.get("大地")）

45.列表是最常见的 Python 数据类型,它可以作为一个_____内的逗号分隔符出现。

46.元组是最常见的 Python 数据类型,它可以作为一个_____内的逗号分隔符出现。

47.字典是最常见的 Python 数据类型,它可以用_____来创建,字典中的每个元素都包括键和_____值两部分,键与值用_____分开,元素间用逗号分隔。

48.集合中任何元素都没有_____,这是集合的一个重要特点。

49.以下程序的输出结果是_____。

nums=[1,2,3.4]

nums.append([5,6,7,8])

print(len(nums))

50.以下程序的输出结果是_____。

d={'1':1,"2":2,'3':3,'4':4}

d2=d

d['2']=5

print(d['2']+d2['2'])

51.列表、复数、字典、元组等数据类型,属于不可变化类别的是_____。

52.将一个字典的内容添加到另外一个字典中的方法是_____。

53.列表类型中pop()的功能是_____。

54.a 和 b 是两个列表,将它们的内容合并为列表 c 的方法是_____。

55.以下代码的输出结果是_____。

ls=[[1,2,3],"python",[7,8]]

print(ls[2][1])

56.以下代码的输出结果是_____。

ls=[[1,2,3],"python",[7,8]]

print(ls[1][1])

57.以下代码的输出结果是_____。

ls=[[1,2,3],"python",[7,8]]

```
print(ls[0][1])
```

58. 以下代码的输出结果是_____。

```
ls=[[1,2,3],"python",[7,8]]
print(ls[0][2])
```

59. 以下代码的输出结果是_____。

```
ls=[[1,2,3],"python",[7,8]]
print(ls[2][1]+ls[0][1])
```

60. 以下代码输出结果是_____。

```
ls=['2020','1903','Python']
ls.append(2050)
print(ls)
```

61. 以下代码输出结果是_____。

```
a=['2020','1903','Python']
b=['a','b']
print(a+b)
```

62. 下列程序中输入_____值时,输出的结果为48。

```
r=int(input("请输入半径"))
S=3 * r * r
print('{}'.format(S))
```

63. 表达式 print("{:.2f}".format(20-2**3)) 的结果是_____。

64. 假设列表对象 alist 的值为[3, 4, 5, 6, 7, 9, 11, 13, 15, 17],那么切片 alist[3: 7]得到的值是_____。

65. 假设有列表 a = ['name', 'age', 'sex'] 和 b = ['Dong', 38, 'Male'],请使用一个语句将这两个列表的内容转换为字典,并且以列表 a 中的元素为"键",以列表 b 中的元素为"值",这个语句可以写为_____。

66. 任意长度的 Python 列表,元组和字符串中最后一个元素的下标为_____。

67. 转义字符'\n'的含义是_____。

68. 已知列表对象 x = ['15', '2', '3'],则表达式 max(x) 的值为_____。

69. 已知列表对象 x = ['15', '2', '3'],则表达式 min(x) 的值为_____。

70. 已知列表对象 x = [15,2,3],则表达式 max(x) 的值为_____。

71. 已知列表对象 x = [15,2,3],则表达式 min(x) 的值为_____。

72. 已知 x = {1:2},那么执行语句 x[2] = 3 之后,print(x)的值为_____。

73. 已知 x = {1:2,2:5},那么执行语句 x[2] = 3 之后,print(x)的值为_____。

74. 已知 x = [1, 2, 3, 2, 3],执行语句 x.pop() 之后,print(x)的值为_____。

75. 已知 x = [1, 2, 3,],执行语句 x.pop() 之后,print(x)的值为_____。

76. 使用列表推导式得到 100 以内所有能被 13 整除的数的代码可以写作_____。

77. 使用列表推导式得到 100 以内所有能被 3 整除的数的代码可以写作_____。

78.使用列表推导式得到100以内所有既能被5整除，又能被3整除的数的代码可以写作_____。

79.使用列表推导式得到50到100以内所有能被13整除的数的代码可以写作_____。

80.表达式 ′%d,%f′% （65，65） 的值为_____。

81.表达式 ′%s,%d′% （"A"，65） 的值为_____。

82.表达式′ The first：｛1｝，the second is ｛0｝′. format（65，97） 的值为_____。

83.表达式′The first：｛｝，the second is ｛｝′.format（65，97） 的值为_____。

84.表达式 ′Hello world.I like Python.′.find（′python′） 的值为_____。

85.表达式 ′Hello world.I like Python.′.find（′I′） 的值为_____。

86.已知 x＝［1,2,3］和 y＝［4,5,6］,那么表达式 x＋y 的值为_____。

87.已知 x＝（1,2,3）和 y＝（4,5,6）,那么表达式 x＋y 的值为_____。

88.表达式 ′abcab′.replace（′a′,′yy′） 的值为_____。

89.表达式 ′abcab′.replace（′b′,′yy′） 的值为_____。

90.表达式 a＝set（［"y"，"python"，"b"，"c"］） a.remove（"python"）的值为_____。

91.表达式 a＝set（［"y"，"python"，"b"，"c"］） a.discard（"p"）的值为_____。

92.表达式 a＝set（［"y"，"python"，"b"，"c"］） a.clear（）的值为_____。

93.表达式 a＝set（［"y"，"b"，"c"］） a.add（"python"）的值为_____。

94.表达式 a＝set（［"y"，"b"，"c"］） a.update（"python"）的值为_____。

95.表达式 i＝［3,5］ j＝［4,2］ print（dict（［i,j］））的值为_____。

96.表达式 i＝［3,5］ j＝［3,2］ print（dict（［i,j］））的值为_____。

97.表达式 i＝［3,5］ j＝［4,2］ print（dict（zip（i,j）））的值为_____。

98.表达式 i＝［3,3］ j＝［4,2］ print（dict（zip（i,j）））的值为_____。

99.表达式 d1＝｛′a′:100，′b′:200｝ d2＝｛′x′:300，′y′:200｝ d1.update（d2） print（d1）的值为_____。

100.表达式 d1＝｛′a′:100，′b′:200｝ d2＝｛′x′:300，′y′:200｝ d1.update（d2） print（d2）的值为_____。

101.表达式 d1＝｛′a′:100，′b′:200｝ d2＝｛′x′:300，′y′:200｝ dict（d1，＊＊d2）的值为_____。

102.表达式 d1＝｛′a′:100，′b′:200｝ d2＝｛′x′:300，′y′:200｝ dict（＊＊d1,d2）的值为_____。

三、判断题

1.Python 运算符%不仅可以用来求余数,还可以用来格式化字符串。 （ ）

2.语句 print（"it is a "bird"！ "）的输出结果为 it is a "bird"！ （ ）

3.加法运算符可以用来连接字符串并生成新字符串。 （ ）

4.令 str1 = 'abcdefg',若想要通过分片从右到左提取元素 gfedcb,则应使用分片语句 str1[7:0]。 （　　）

5.如果需要连接大量字符串成为一个字符串,那么使用字符串对象的 join( )方法比运算符+具有更高的效率。 （　　）

6.已知 x 为非空字符串,那么表达式 ''.join(x.split( )) = = x 的值一定为 True。 （　　）

7.已知 x 为非空字符串,那么表达式 ','.join(x.split(',')) = = x 的值一定为 True。 （　　）

8.作为条件表达式时,[ ]与 None 等价。 （　　）

9.表达式 [ ] = = None 的值为 True。 （　　）

10.作为条件表达式时,{ }与 None 等价。 （　　）

11.表达式 { } = =None 的值为 True。 （　　）

12.作为条件表达式时,空值.空字符串.空列表.空元组.空字典.空集合.空迭代对象以及任意形式的数字 0 都等价于 False。 （　　）

13.已知 x 和 y 是两个字符串,那么表达式 sum((1 for i,j in zip(x,y) if i = =j)) 可以用来计算两个字符串中对应位置字符相等的个数。 （　　）

14.字符串既可以和整型常量相乘,也可以和另一个字符串相乘。 （　　）

15.max( )函数和 min( )函数的参量不一定是序列,也可以是两个或两个以上的数字。 （　　）

16.print("a = %05d "%a)语句中,5 控制输出位数,空位补 0。 （　　）

17.令 str1 = 'I like learning Python',则对于 str1.find('like',5,15)的返回值应为 like 子串所在位置的最左端索引。 （　　）

18.在字符串中查找子串,无论是否查找到,find( )方法和 index( )方法的返回结果都相同。 （　　）

19.已知字符串 A = '1day 2day 3day',则 A.replace('day','DAY')和 A.replace('day','DAY',3)的输出结果应该完全相同。 （　　）

20.表达式 ' '<'abcd' 的返回值为 True。 （　　）

21.字符串.列表.元组.字典都支持分片操作。 （　　）

22.find( )方法能够返回某个子串在字符串中出现的次数。 （　　）

23.操作对象分别为二进制整数和字符串,'^'的作用大致相同。 （　　）

24.编写一个注册验证程序,当需要判断用户名或密码是否只有数字和字母,或二者其一组成,可借助 isalnum( )方法。 （　　）

25.lower( )方法和 upper( )方法用于将字符串中的首字母转换为小写或大写。 （　　）

26.在 Python 3.5 中运算符+不仅可以实现数值的相加.字符串连接,还可以实现列表.元组的合并和集合的并集运算。 （　　）

27.序列类型的数据索引从 1 开始。 （　　）

28.列表可以作为字典的"键"。　　　　　　　　　　　　　　　　　　（　　　）

29.元组可以作为字典的"键"。　　　　　　　　　　　　　　　　　　（　　　）

30.Python 集合中的元素可以是元组。　　　　　　　　　　　　　　　（　　　）

31.元组可以作为集合的元素。　　　　　　　　　　　　　　　　　　（　　　）

32.集合可以作为元组的元素。　　　　　　　　　　　　　　　　　　（　　　）

33.Python 元组支持双向索引。　　　　　　　　　　　　　　　　　　（　　　）

34.已知列表对象 x = ['11', '2', '3']，则表达式 max(x) 的值为'11'。（　　　）

35.已知列表对象 x = ['11', '2', '3']，则表达式 max(x, key=len) 的值为'11'。
　　　　　　　　　　　　　　　　　　　　　　　　　　　　　　（　　　）

36.已知 x = [1, 2, 3, 4, 5]，那么执行语句 del x[:3] 之后，x 的值为[4,5]。
　　　　　　　　　　　　　　　　　　　　　　　　　　　　　　（　　　）

37.执行代码 x, y, z = sorted([1, 3, 2]) 之后，变量 y 的值为 2。（　　　）

38.list 是不可变的数据类型，可以存放任意类型的元素。　　　　　　（　　　）

39.list 没有固定大小，其下标可以是负数。　　　　　　　　　　　　（　　　）

40.元组是不可变的，不支持列表对象的 inset().remove() 等方法，也不支持 del 命令删除其中的元素，但可以使用 del 命令删除整个元组对象。　　（　　　）

41.通过下标索引可以修改和访问元组与列表的元素。　　　　　　　　（　　　）

42.在 Python 中元组的值是不可变的，因此，已知 x = ([1], [2])，那么语句 x[0].append(3) 是无法正常执行的。　　　　　　　　　　　　　　　（　　　）

43.表达式 len(range(1,10)) 的值为 10。　　　　　　　　　　　　　（　　　）

44.创建只包含一个元素的元组时，必须在元素后面加一个逗号，例如(3,)。（　　　）

45.使用 sorted 函数对列表进行排序，无返回值。　　　　　　　　　（　　　）

46.已知 x 为非空列表，那么表达式 sorted(x, reverse=True) == list(reversed(x)) 的值一定是 True。　　　　　　　　　　　　　　　　　　　　　　　（　　　）

47.已知 x=list(range(20))，那么语句 del x[::2] 也可以正常执行。（　　　）

48.已知 x 为非空列表，那么 x.sort(reverse=True) 和 x.reverse() 的作用是等价的。
　　　　　　　　　　　　　　　　　　　　　　　　　　　　　　（　　　）

49.Python 集合中的元素可以是列表。　　　　　　　　　　　　　　　（　　　）

50.Python 字典中的"键"可以是列表。　　　　　　　　　　　　　　（　　　）

51.Python 列表中所有元素必须为相同类型的数据。　　　　　　　　　（　　　）

52.Python 列表、元组、字符串都属于有序序列。　　　　　　　　　　（　　　）

53.列表对象的 append() 方法属于原地操作，用于在列表尾部追加一个元素。（　　　）

54.使用 Python 列表的方法 insert() 为列表插入元素时会改变列表中插入位置之后元素的索引。　　　　　　　　　　　　　　　　　　　　　　　　　（　　　）

55.假设 x 为列表对象，那么 x.pop() 和 x.pop(-1) 的作用是一样的。（　　　）

56.使用 del 命令或者列表对象的 remove() 方法删除列表中元素时会影响列表中部分元素的索引。　　　　　　　　　　　　　　　　　　　　　　　　（　　　）

57.使用列表对象的 remove( )方法可以删除列表中首次出现的指定元素,如果列中不存在要删除的指定元素则抛出异常。 　　　　　　　　　　　　　　　(　)

58.元组是不可变的,不支持列表对象的 inset( )、remove( )等方法,也不支持 del 命令删除其中的元素,但可以使用 del 命令删除整个元组对象。 　　　　　　　　　(　)

59.Python 字典和集合属于无序序列。 　　　　　　　　　　　　　　　　　　(　)

60.无法删除集合中指定位置的元素,只能删除特定值的元素。 　　　　　　　(　)

61.假设 x 是含有 5 个元素的列表,那么切片操作 x[10:]是无法执行的,会抛出异常。
　　　　　　　　　　　　　　　　　　　　　　　　　　　　　　　　　　(　)

62.只能对列表进行切片操作,不能对元组和字符串进行切片操作。 　　　　　(　)

63.只能通过切片访问列表中的元素,不能使用切片修改列表中的元素。 　　　(　)

64.只能通过切片访问元组中的元素,不能使用切片修改元组中的元素。 　　　(　)

65.字符串属于 Python 有序序列,和列表、元组一样都支持双向索引。 　　　　(　)

66.删除列表中重复元素最简单的方法是将其转换为集合后再重新转换为列表。
　　　　　　　　　　　　　　　　　　　　　　　　　　　　　　　　　　(　)

67.已知列表 x 中包含超过 5 个以上的元素,那么语句 x = x[:5]+x[5:] 的作用是将列表 x 中的元素循环左移 5 位。 　　　　　　　　　　　　　　　　　　　　(　)

68.列表对象的 extend( )方法属于原地操作,调用前后列表对象的地址不变。(　)

69.已知列表 x = [1, 2],那么执行语句 x.extend([3]) 之后,x 的值为[1,2,[3]]。
　　　　　　　　　　　　　　　　　　　　　　　　　　　　　　　　　　(　)

70.同一个列表对象中的元素类型可以各不相同。 　　　　　　　　　　　　　(　)

71.同一个列表对象中所有元素必须为相同类型。 　　　　　　　　　　　　　(　)

72.列表可以作为集合的元素。 　　　　　　　　　　　　　　　　　　　　　(　)

73.集合可以作为列表的元素。 　　　　　　　　　　　　　　　　　　　　　(　)

74.列表对象的 pop( )方法默认删除并返回最后一个元素,如果列表已空则抛出异常。
　　　　　　　　　　　　　　　　　　　　　　　　　　　　　　　　　　(　)

75.内置函数 len( )返回指定序列的元素个数,适用于列表、元组、字符串、字典、集合以及 range.zip 等迭代对象。 　　　　　　　　　　　　　　　　　　　　　(　)

76.已知 x 是个列表对象,那么执行语句 y = x 之后,对 y 所做的任何操作都会同样作用到 x 上。 　　　　　　　　　　　　　　　　　　　　　　　　　　　　(　)

77.已知 x 是个列表对象,那么执行语句 y = x[:]之后,对 y 所做的任何操作都会同样作用到 x 上。 　　　　　　　　　　　　　　　　　　　　　　　　　　　(　)

78.列表对象的排序方法 sort( )只能按元素从小到大排列,不支持别的排序方式。
　　　　　　　　　　　　　　　　　　　　　　　　　　　　　　　　　　(　)

79.已知 x 是一个列表,那么 x = x[3:] + x[:3]可以实现把列表 x 中的所有元素循环左移 3 位。 　　　　　　　　　　　　　　　　　　　　　　　　　　　　(　)

80.定义函数时,带有默认值的参数必须出现在参数列表的最右端,任何一个带有默认值的参数右边不允许出现没有默认值的参数。 　　　　　　　　　　　　　(　)

81.元组中的元素只能是同一数据类型。 （   ）

82.已知 x=(1,2,3,4)，那么执行 x[0]=5 之后,x 的值为(5,2,3,4)。 （   ）

83.已知列表 x=[1,2,3,4]，那么表达式 x.find(5) 的值应为−1。 （   ）

84.表达式 list('[1, 2, 3]') 的值是[1, 2, 3]。 （   ）

85.Python 支持使用字典的"键"作为下标来访问字典中的值。 （   ）

86.字典的"键"必须是不可变的数据类型。 （   ）

87.Python 字典中的"键"不允许重复。 （   ）

88.Python 字典中的"值"不允许重复。 （   ）

89.Python 字典和集合属于无序序列。 （   ）

90.当以指定"键"为下标给字典对象赋值时,若该"键"存在则表示修改该"键"对应的"值",若不存在则表示为字典对象添加一个新的"键−值对"。 （   ）

91.字典可以作为集合的元素。 （   ）

92.集合可以作为字典的键。 （   ）

93.集合可以作为字典的值。 （   ）

94.Python 内置的字典 dict 中元素是按添加的顺序依次进行存储的。 （   ）

95.字典对象的 values() 方法用于返回字典中的"值"的元组。 （   ）

96.字典对象的 keys() 方法用于返回字典中的"键"的列表。 （   ）

97.在定义函数时,某个参数名字前面带有两个 ∗ 符号表示可变长度参数,可以接收任意多个关键参数并将其存放于一个字典之中。 （   ）

98.已知 x={1:1,2:2}，那么语句 x[3]=3 无法正常执行。 （   ）

99.已知 x={'k1':'v1','k2':['v2','v3']}，执行 y=x.copy()，x['k1']='v3'之后输出 y 的值为{'k1':'v3','k2':['v2','v3']}。 （   ）

100.已知字典 x={'a':1,'b':2,'b':3}，则 len(x) 的输出结果为 3。 （   ）

101.使用 pop() 方法可以随机删除字典中的键值对。 （   ）

102.使用 popitem() 方法可以随机删除字典和集合中的元素。 （   ）

103.已知 x = {'a':'b', 'c':'d'}，那么表达式 'b'in x 的值为 True。 （   ）

104.已知 x = {'a':'b', 'c':'d'}，那么表达式 'a'in x 的值为 True。 （   ）

105.已知 x = {1:2, 2:3}，那么表达式 x.get(2, 4) 的值为 4。 （   ）

106.Python 集合中的元素不允许重复。 （   ）

107.Python 集合可以包含相同的元素。 （   ）

108.Python 集合中的元素可以是元组。 （   ）

109.Python 集合中的元素可以是列表。 （   ）

110.已知 A 和 B 是两个集合,并且表达式 A<B 的值为 False,那么表达式 A>B 的值一定为 True。 （   ）

111.表达式{1,3,2}>{1,2,3}的值为 True。 （   ）

112.表达式{1,2}∗2 的值为{1,2,1,2} （   ）

113.表达式 set([1,2, 2,3]) == {1, 2, 3}的值为 False。 （   ）

114.无法删除集合中指定位置的元素,只能删除特定值的元素。 （　　）

115.Python 字典和集合支持双向索引。 （　　）

116.Python 集合不支持使用下标访问其中的元素。 （　　）

117.可以使用 del 删除集合中的部分元素。 （　　）

118.Python 内置的集合 set 中元素并不是按照定义的顺序进行存储的。 （　　）

119.已知 A = {1,2,3,4,5},B = {2,3,8,9},则 A^B 的输出值为{2,3}。 （　　）

120.使用 remove( )方法删除集合中的元素,若元素不在集合中不报错。 （　　）

习题 6 函 数

一、选择题

1.Python 中,创建自定义函数的关键字是(　　)。

A.class　　　　　　　　B.def　　　　　　　　C.if　　　　　　　　D.for

2.下面关于函数的说法,错误的是(　　)。

A.在不同函数中可以使用相同名字的变量

B.函数可以减少代码的重复,使程序更加模块化

C.调用函数时,传入参数的顺序和函数定义时的顺序必须不同

D.函数体中如果没有 return,函数返回空值 None

3.使用(　　)关键字定义匿名函数。

A.lambda　　　　　　　B.main　　　　　　　C.function　　　　　D.def

4.在 Python 中,函数(　　)。

A.不可以嵌套定义　　　　　　　　　　B.不可以嵌套调用

C.不可以递归调用　　　　　　　　　　D.以上都不对

5.下列说法正确的是(　　)。

A.函数的名称可以随意命名

B.带有默认值的参数一定位于参数列表的末尾

C.局部变量的作用域是整个程序

D.函数定义后,系统会自动执行其内部的功能

6.执行以下程序,输出结果为(　　)。

def f( )：

print(x)

x＝ 20+1

f( )

A.0　　　　　　　　　　B.20　　　　　　　　C.21　　　　　　　D.程序出现异常

7.下列关键字中,用来引入模块的是(　　)。

A.include　　　　　　　B.from　　　　　　　C.import　　　　　　D.del.

8.下列选项中,不属于函数优点的是(　　)。

A.减少代码重复　　　　　　　　　　　B.使程序模块化

C.使程序便于阅读　　　　　　　　　　D.便于发挥程序员的创造力

9.关于函数的说法中,正确的是(　　)。

A.函数定义时必须有形参

B.函数中定义的变量只在该函数体中起作用

C.函数定义时必须带 return 语句

D.实参与形参的个数可以不相同,类型可以任意

10.以下关于函数说法中,正确的是(　　　)。

A.函数的实际参数和形式参数必须同名

B.函数的形式参数既可以是变量也可以是常量

C.函数的实际参数不可以是表达式

D.函数的实际参数可以是其他函数的调用

11.有以下两个程序。

程序一:

```
x=[1,2,3]
def f(x):
    x=x+[4]
f(x)
print(x)
```

程序二:

```
x=[1,2,3]
def f(x):
    x+=[4]
f(x)
print(x)
```

下列说法正确的是(　　　)。

A.两个程序均能正确运行,但结果不同　　　B.两个程序的运行结果相同

C.程序一能正确运行,程序二不能　　　D.程序一不能正确运行,程序二能

12.已知 f=lambda x,y:x+y,则 f([4],[1,2,3])的值是(　　　)。

A.[1, 2, 3, 4]　　　B.10　　　C.[4, 1, 2, 3]　　　D.{1, 2, 3, 4}

13.下列程序的运行结果是(　　　)。

```
f=[lambda x=1:x*2,lambda x:x**2]
print(f[1](f[0](3)))
```

A.1　　　B.6　　　C.9　　　D.36

14.下列程序的运行结果是(　　　)。

```
def f(x=2,y=0):
    return x-y
y=f(y=f(),x=5)
print(y)
```

A.-3　　　B.3　　　C.2　　　D.5

15.output.py 文件和 test.py 文件内容如下,且 output.py 和 test.py 位于同一文件夹中,那么运行 test.py 的输出结果是( )。

```
#output.py
def show( ) :
    print( __name__ )
#test.py
import output
if __name__ = = '__main__':
    output.show( )
```

A.output B.__name__ C.test D.__main__

16.下面 Python 语句执行后,输出结果为( )。

```
def hello( name ) :
    print( name+"好!")
hello("老师")
```

A.好! B.老师好! C.老师 D.程序报错

17.下面 Python 语句执行后,输出结果为( )。

```
def age( name,n ) :
    if n < 20:
        print( name+" 是少年")
    elif n < 50:
        print( name+" 是青壮年")
    else:
        print( name+" 是老年")
age("张三",60)
```

A.张三 是少年 B.张三 是青壮年 C.张三 是老年 D.程序报错

18.Python 中,为了让函数可以接收任意数量的参数,定义函数时,需要在参数名前加( )。

A.! B. * C.# D. :

19.下列关键字中,用来引入模块的是( )。

A.include B.from C.import D.del

20.下面 Python 语句执行后,输出结果为( )。

```
def pet( type1 ="鸡",type2 ="鸭") :
    print("我有一只"+type1+"和一只"+type2)
pet("狗")
```

A.我有一只鸡和一只鸭 B.我有一只狗和一只鸡

C.我有一只狗和一只鸭 D.我有一只鸡

21.下面 Python 语句执行后,输出结果为(　　　)。

```
def name(first,last,middle=""):
    if middle:
        result = first + middle + last
    else:
        result = first + "" + last
    return result
s = name("张","李","王")
print(s)
```

A.张李　　　　　　　　B.李张　　　　　　　　C.张王李　　　　　　D.李王张

22.关于函数的说法中,正确的是(　　　)。

A.函数定义时必须有形参

B.函数中定义的变量只在该函数体中起作用

C.函数定义时必须带 return 语句

D.实参与形参的个数可以不相同,类型可以任意

23.以下关于函数说法中,正确的是(　　　)。

A.函数的实际参数和形式参数必须同名

B.函数的形式参数既可以是变量也可以是常量

C.函数的实际参数不可以是表达式

D.函数的实际参数可以是其他函数的调用

24.有以下两个程序。

程序一:　　　　　　　　　程序二:
```
x=[1,2,3]              x=[1,2,3]
def f(x):              def f(x):
    x=x+[4]                x+=[4]
f(x)                   f(x)
print(x)               print(x)
```

下列说法正确的是(　　　)。

A.两个程序均能正确运行,但结果不同

B.两个程序的运行结果相同

C.程序一能正确运行,程序二不能

D.程序一不能正确运行,程序二能

25.下列程序的运行结果是(　　　)。

```
def f(x=2,y=0):
    return x-y
y=f(y=f(),x=5)
print(y)
```

A.-3　　　　　　　　　　B.3　　　　　　　　　C.2　　　　　　　　　D.5

26.下列程序的运行结果是(　　　)。

```
def func(a=1):
    return a+1
b=func(3)
print(b)
```

A.4　　　　　　　　　　B.3　　　　　　　　　C.2　　　　　　　　　D.5

27.下列程序的运行结果是(　　　)。

```
def f(a,b):
    print(a,b)
f(3,2)
```

A.4 3　　　　　　　　　B.3 2　　　　　　　C.2 2　　　　　　　D.5 3

28.下列程序的运行结果是(　　　)。

```
def f(a,b=2,c=100):
    print(a,b,c)
f(3,2)
```

A.4　3 100　　　　　　B.3 2 100　　　　　C.2 2 2　　　　　D.3　3 100

29.下列程序的运行结果是(　　　)。

```
def f(a,*b):
    print(a,b)
f(3,2,1,0)
```

A.3 (2,1,0)　　　　　B.3,2,1,0　　　　　C.3,2　　　　　　D.3

30.下列程序的运行结果是(　　　)。

```
def f(a,**b):
    print(a,b)
f(3,k=2,w=1,t=0)
```

A.3 {'k':2,'w':1,'t':0}　　　　　　　　B.{'k':2,'w':1,'t':0}

C.3　　　　　　　　　　　　　　　　　D.3 2 1 0

二、填空题

1.函数首部以关键字_____开始,最后以_____结束。

2.函数执行语句"return [1,2,3],4"后,返回值是_____;没有 return 语句的函数将返回_____。

3.使用关键字_____可以在一个函数中设置一个全局变量。

4.下列程序的输出结果是_____。

```
def deco(func):
    print('before f1')
```

```
        return func
@ deco
def f1( ) :
        print( 'f1' )
f1( )
f1 = deco( f1 )
```

5.下列程序的输出结果是_____。

```
counter = 1
num = 0
def TestVariable( ) :
        global counter
        for i in ( 1,2,3) :counter+ = 1
        num = 10
TestVariable( )
print( counter,num)
```

6.设有 f = lambda x,y:｛x:y｝,则 f(5,10)的值是_____。

7.Python 包含了数量众多的模块,通过_____语句,可以导入模块,并使用其定义的功能。

8.设 Python 中有模块 m,如果希望同时导入 m 中的所有成员,则可以采用_____的导入形式。

9.Python 中每个模块都有一个名称,通过特殊变量_____可以获取模块的名称。特别地,当一个模块被用户单独运行时,模块名称为_____。

10.建立模块 a.py,模块内容如下:

```
def B( ) :
        print( 'BBB' )
def A( ) :
        print( 'AAA' )
```

为了调用模块中的 A( )函数,应先使用语句_____。

11.下面程序的运行结果是_____。

```
a = 3
b = 4
def fun( x,y) :
        b = 5
        print( x+y,b)
fun( a,b)
```

12.下面程序的运行结果是_____。

```
def fun( x) :
```

```
        a = 3
        a += x
        return(a)
k = 2
m = 1
n = fun(k)
m = fun(m)
print(n,m)
```

13.下面程序的运行结果是＿＿＿＿＿＿＿＿。

```
def fun(x,y):
    global b
    b = 3
    c = a+b
    return c
a = 10
b = 20
c = fun(a,b)
print(a,b,c)
```

14.下面程序的运行结果是＿＿＿＿＿＿＿＿。

```
def outer():
a = 1
def inner():
    nonlocal a
    a = 2
print(a)
outer()
```

15.写出下列程序的输出结果：＿＿＿＿＿＿＿＿＿＿＿＿＿＿。

```
def ff(x,y=100):
    return {x:y}
print(ff(y=10,x=20))
```

三、判断题

1.函数是代码复用的一种方式。　　　　　　　　　　　　　　　　（　　）

2.定义函数时，即使该函数不需要接收任何参数，也必须保留一对空的圆括号表示这是一个函数。　　　　　　　　　　　　　　　　　　　　　　　　　　　（　　）

3.一个函数如果带有默认值参数，那么所有参数都必须设置默认值。　　（　　）

4.定义 Python 函数时必须指定函数返回值类型。　　　　　　　　　　（　　）

5.定义 Python 函数时,如果函数中没有 return 语句,则默认返回空值 None。　　(　　)

6.如果在函数中有语句 return 3,那么该函数一定会返回整数 3。　　　　　(　　)

7.函数中必须包含 return 语句。　　　　　　　　　　　　　　　　　　(　　)

8.函数中的 return 语句一定能够得到执行。　　　　　　　　　　　　　　(　　)

9.调用带有默认值参数的函数时,不能为默认值参数传递任何值,必须使用函数定义时设置的默认值。　　　　　　　　　　　　　　　　　　　　　　　　　　(　　)

10.在 Python 中定义函数时,不需要声明函数参数的类型。　　　　　　　　(　　)

11.在 Python 中定义函数时,不需要声明函数的返回值类型。　　　　　　　(　　)

12.在定义函数时,某个参数名字前面带有一个 * 符号表示可变长度参数,可以接收任意多个普通实参并存放于一个元组之中。　　　　　　　　　　　　　　　　　(　　)

13.在调用函数时,可以通过关键参数的形式进行传值,从而避免必须记住函数形参顺序的麻烦。　　　　　　　　　　　　　　　　　　　　　　　　　　　　(　　)

14.在调用函数时,必须牢记函数形参顺序才能正确传值。　　　　　　　　　(　　)

15.调用函数时传递的实参个数必须与函数形参个数相等才行。　　　　　　　(　　)

习题 7　面向对象程序设计

一、选择题

1.下列说法中,不正确的是(　　　　)。

A.在 Python 中,一个子类只能有一个父类

B.实例属性名如果以__开头,就变成了一个私有变量

C.只有在类的内部才可以访问类的私有变量,外部不能访问

D.类是对象的模板,而对象是类的实例

2.下列选项中,不是面向对象程序设计基本特征的是(　　　　)。

A.继承　　　　　　　　B.多态　　　　　　　　C.抽象　　　　　　　　D.封装

3.在方法定义中,访问实例属性 x 的格式是(　　　　)。

A.x　　　　　　　　B.self.x　　　　　　　　C.self[x]　　　　　　　　D.self.getx( )

4.关于类和对象的关系,下列描述正确的是(　　　　)。

A.对象描述的是现实中真实存在的个体,它是类的实例

B.对象是根据类创建的,并且一个类只能对应一个对象

C.类是现实中真实存在的个体

D.类是面向对象的核心

5.构造方法是类的一个特殊方法,其名称为(　　　　)。

A.与类同名　　　　　　B.__init__　　　　　　C.init　　　　　　　　D.__del__

6.构造方法的作用是(　　　　)。

A.一般成员方法　　　　　　　　　　　B.类的初始化

C.对象的初始化　　　　　　　　　　　D.对象的建立

7.Python 中用于释放类占用资源的方法是(　　　　)。

A._del_　　　　　　　　B._init_　　　　　　　　C.del　　　　　　　　D.delete_。

8.以下说法正确的是(　　　　)。

A.方法和函数的格式是完全一样的

B.创建类的对象时,系统会自动调用构造方法进行初始化

C.创建完对象后,其属性的初始值是固定的,外界无法进行修改

D.在主程序中(或类的外部),实例成员可以通过类名访问

9.Python 中,定义私有属性的方法是(　　　　)。

A.使用_X 定义属性名　　　　　　　　　　B.使用_X_ 定义属性名

C.使用 private 关键字　　　　　　　　　　D.使用 public 关键字

10.以下表示 C 类继承 A 类和 B 类的格式中,正确的是(   )。

A.class C A,B：　　　　　　　　　　B.class C(A,B)

C.class C(A,B)：　　　　　　　　　　D.classCAandB：

11.下列方法中,不能使用类名访问的是(   )。

A.静态方法　　　　　B.类方法　　　　　C.实例方法　　　　D.以上 3 项都是

12.下列选项中,用于标识为静态方法的是(   )。

A.@ classmethod　　　　　　　　　　B.@ staticmethod

C.Sstaticmethod　　　　　　　　　　D.@ privatemethod

13.下列程序的执行结果是(   )。

```
class Point：
    x = 10
    y = 10
    def _init_(self,x,y)：
        self.x = x
        self.y = y
pt = Point(20,20)
print(pt.x,pt.y)
```

A.10 20　　　　　B.20 10　　　　　C.10 10　　　　　D.20 20

14.下列程序的执行结果是(   )。

```
class C()：
    f = 10
class C1(C)：
    pass
print(C.f,C1.f)
```

A.10 10　　　　　B.10 pass　　　　　C.pass 10　　　　　D.运行出错

二、填空题

1.在 Python 中,定义类的关键字是_____。

2.类的定义如下：

```
class person：
    name = 'Liming'
    score = 90
```

该类的类名是_____,其中定义了_____属性和_____属性,它们都是_____属性。如果在属性名前加两个下划线(_____),则属性是_____属性。将该类实例化创建对象 p,使用的语句为_____,通过 p 来访问属性,格式为_____、_____。

3.Python 类的构造方法是_____,它在_____对象时被调用,可以用来进行一些属性_____操作;类的析构方法是_____,它在_____对象时调用,可以进行一些释放资源的操作。

4.可以从现有的类来定义新的类,这称为类的_____,新的类称为_____,而原来的类称为_____、父类或超类。

5.在 Python 中,可以用_____关键字来声明一个类。

6.类的实例方法中必须有一个_____参数,位于参数列表的开头。

7.在主程序中(或类的外部),实例成员属于实例(即对象),只能通过_____访问;而类成员属于类,可以通过_____或_____访问。

8.父类的_____属性和方法是不能被子类继承的,更不能被子类访问。

9.如果需要在子类中调用父类的方法,可以使用内置函数_____或通过_____的方式来实现。

10.类方法是类所拥有的方法,需要用修饰器_____来标识其为类方法。

11.子类想按照自己的方式实现方法,需要_____从父类继承的方法。

12.下列程序的运行结果为_____。

```python
class Account:
    def __init__(self, id):
        self.id = id
        id = 888
acc = Account(100)
print(acc.id)
```

13.下列程序的运行结果为_____。

```python
class parent:
    def __init__(self, param):
        self.v1 = param
class child(parent):
    def __init__(self, param):
        parent.__init__(self, param)
        self.v2 = param
obj = child(100)
print(obj.v1, obj.v2)
```

14.下列程序的运行结果为_____。

```python
class account:
    def __init__(self, id, balance):
        self.id = id
        self.balance = balance
    def deposit(self, amount):
        self.balance += amount
```

```
        def withdraw(self,amount):
            self.balance-=amount
acc1=account('3456',100)
acc1.deposit(400)
acc1.withdraw(300)
print(acc1.balance)
```

习题 8　文　件

一、选择题

1.在读写文件之前,用于创建文件对象的函数是(　　　)。

A.open　　　　　　　B.create　　　　　　　C.file　　　　　　　D.folder

2.关于语句 f = open('demo.txt','r'),下列说法不正确的是(　　　)。

A.demo.txt 文件必须已经存在

B.只能从 demo.txt 文件读数据,而不能向该文件写数据

C.只能向 demo.txt 文件写数据,而不能从该文件读数据

D."r"方式是默认的文件打开方式

3.下列程序的输出结果是(　　　)。

f = open('c:\\out.txt','w+')

f.write('Python')

f.seek(0)

c = f.read(2)

print(c)

f.close()

A.Pyth　　　　　　　B.Python　　　　　　　C.Py　　　　　　　D.th

4.下列程序的输出结果是(　　　)。

f = open('f.txt','w')

f.writelines(['Python programming.'])

f.close()

f = open('f.txt','rb')

f.seek(10,1)

print(f.tell())

A.1　　　　　　　　B.10　　　　　　　　C.gramming　　　　　　D.Python

5.下列语句的作用是(　　　)。

import os

os.mkdir("d:\\ppp")

A.在 D 盘当前文件夹下建立 ppp 文本文件

B.在 D 盘根文件夹下建立 ppp 文本文件

C.在 D 盘当前文件夹下建立 ppp 文件夹

D.在 D 盘根文件夹下建立 ppp 文件夹

6.下列选项中,哪个不是 Python 读文件的方法?(　　　)

A.read( )　　　　　　B.readline( )　　　　　　C.readlines( )　　　　D.readtext( )

7.在 Python 中,对文件操作的一般步骤是(　　　)。

A.读文件→写文件→关闭文件　　　　　　　B.打开文件→读/写文件→关闭文件

C.打开文件→操作文件　　　　　　　　　　D.修改文件→关闭文件

8.在 Python 中,下面对文件的叙述正确的是(　　　)。

A.用"r"方式打开的文件只能向文件写数据

B.用"R"方式也可以打开文件

C.用"w"方式打开的文件只能用于向文件写数据,且该文件可以不存在

D.用"r"方式可以打开不存在的文件

9.打开一个已有文件,在文件末尾追加信息,正确的打开方式为(　　　)。

A.'a'　　　　　　　　B.'T'　　　　　　　　C.'w'　　　　　　　　D.'w+'

10.下列方法中,可用于向文件中写入内容的是(　　　)。

A.open( )　　　　　　B.write( )　　　　　　C.read( )　　　　　　D.close( )

11.下列选项中,用于读取一行内容的语句是(　　　)。

A.file.read( )　　　　B.file.readline( )　　　C.file.readlines( )　　D.file.read(10)

12.下列方法中,用于创建目录的是(　　　)。

A.os.rename( )　　　　B.os.remove( )　　　　C.os.mkdir( )　　　　D.os.listdir( )

二、填空题

1.根据文件数据的组织形式,Python 的文件可分为_____文件和_____文件。一个 Python 程序文件是一个_____文件,一幅 JPG 图像文件是一个_____文件。

2.Python 提供了_____、_____和_____方法用于读取文本文件的内容。

3.二进制文件的读取与写入可以分别使用_____和_____方法。

4.seek(0)将文件指针定位于_____,seek(0,1)将文件指针定位于_____,seek(0,2)将文件指针定位于_____。

5.Python 的_____模块提供了许多文件管理方法。

6.打开文件进行读写后,应调用_____方法关闭文件。

7.readlines( )方法用于读取所有行并返回_____。

8._____方法返回文件的当前位置,即文件位置指针当前位置。

9.已知文件对象名为 file,将文件位置指针移到文件开始位置的第 10 个字符处,正确的语句为_____。

10._____方法用于返回当前工作目录。

参考文献

［1］刘浪.Python 基础教程［M］.北京:人民邮电出版社,2015.

［2］黑马程序员,Python 快速编程入门［M］.北京:人民邮电出版社,2017.

［3］董付国,Python 程序设计［M］.2 版.北京:清华大学出版社,2016.

［4］嵩天,礼欣,黄天羽.Python 语言程序设计基础［M］.2 版.北京:高等教育出版社,2017.

［5］刘卫国.Python 语言程序设计［M］.北京:电子工业出版社,2016.